JN289589

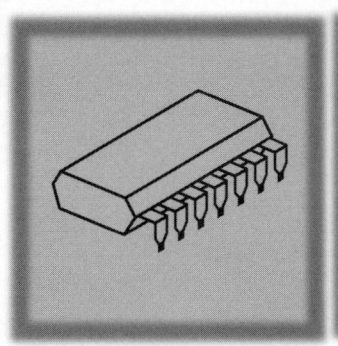

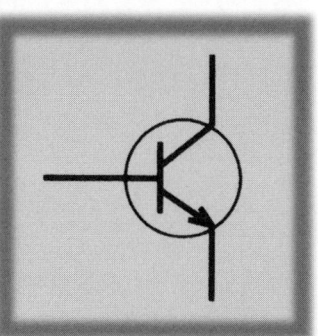

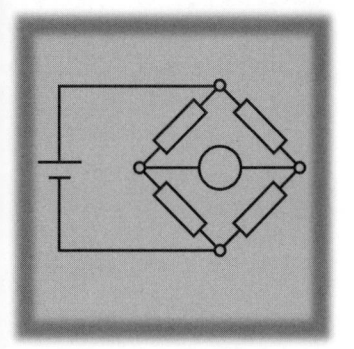

よくわかる
メカトロニクス

見﨑正行／小峯龍男 著

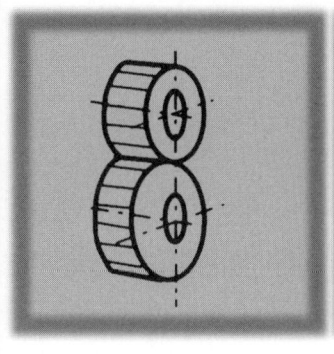

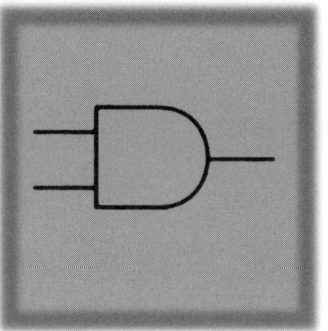

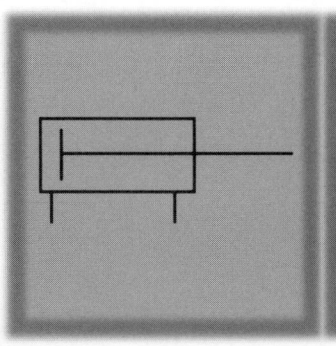

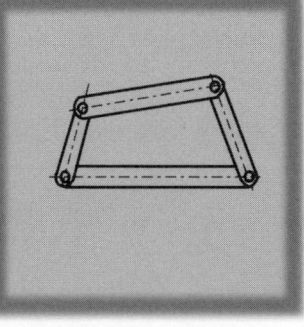

東京電機大学出版局

よくわかる
メカトロニクス

舘暲/小峰直樹 著

東京電機大学出版局

はじめに

　筆者らは"技術・ものづくり"への興味をもった初学者とともに，メカトロニクスとは何か？　を手探りで模索してきました。その中で，講義や実験の学習用として150ページあまりの実習用テキストをまとめ，授業を通じて学生とともにメカトロニクスについて考えてきました。本書は，この実習用テキストの内容を精選し，図面を主体として新たに編纂したものです。

　メカトロニクスという技術分野は，1970年代後半の社会情勢に呼応するかのように，先端技術として華々しく登場したものです。技術は時とともに姿を変え，吟味・練成されて本当に必要なものが次世代への基礎技術として定着するものだと思います。このように考えると，メカトロニクスを説明する「電子技術と機械技術の融合技術である」という定義もそろそろ衣更えをしなければならない時かも知れません。

　電子工学や機械工学を専門とする方々からすると，本書はそれぞれの分野の基礎的な部分と周辺的な内容が混在しているような印象があるかもしれません。それは筆者らが電子工学や機械工学の範疇にこだわらずに，メカトロニクスに必要と思われる項目を集めた結果です。メカトロニクスの普遍的な技術分野を紹介する目的で内容を構成してあるので，原著の実習用テキストにあったコンピュータのソフトウェアや制御については，変化の著しい分野なので割愛してあります。

　本書の執筆は次のように分担いたしました。
　見崎正行：電子工学を基盤としてメカトロニクスに必要な電気と電子の基礎項
　　　　　　目を精選しました。第1章～第4章，および第9章。
　小峯龍男：機械工学の視点からメカトロニクスに必要と考える技術を関連する
　　　　　　周辺分野から採り入れました。第5～第8章。

　筆者らは，一人でも多くの方々に"技術・ものづくり"への興味をもっていただきたいと願っています。そして，本書が工学や技術への入り口に立つ初学者へ

の助けになればと考えています。

　本書の出版にあたり，東京電機大学出版局の皆様にお世話になりました。お力添えをいただいた多くの皆様にお礼申し上げます。

2009年3月

著　者

目　次

第1章　電気とは …………………………………… 1
- 1.1　電気とは ………………………………………………1
- 1.2　負(陰)電気と正(陽)電気 ……………………………2
- 1.3　電気はどのようにして作られるか …………………3
- 1.4　電流とは ………………………………………………4
- 1.5　電圧とは ………………………………………………5
- 1.6　電源と電気回路 ………………………………………6
- 1.7　導体と不導体 …………………………………………9
- 1.8　電気抵抗 ………………………………………………9
- 1.9　オームの法則 ………………………………………10
- 1.10　抵抗の接続について ………………………………10
- 1.11　ホイートストンブリッジ …………………………15
- 1.12　コンデンサについて ………………………………15
- 1.13　コイルのはたらき …………………………………17
- 1.14　電流の作用 …………………………………………18
- 1.15　電流の磁気作用について …………………………18
- 1.16　電磁誘導作用 ………………………………………22
- 1.17　電磁力の方向 ………………………………………23

第2章　回路の構成素子 …………………………… 24
- 2.1　抵抗器 ………………………………………………24
- 2.2　コンデンサ …………………………………………28
- 2.3　トランジスタ ………………………………………32
- 2.4　その他の素子 ………………………………………40

第3章 アナログ回路の基本素子 …………… 49
　3.1　オペアンプ……………………………………………… 49
　3.2　A／D変換器・D／A変換器 ……………………………… 63

第4章 ディジタル回路の基本素子 …………… 72
　4.1　ICの概略 ………………………………………………… 72
　4.2　ディジタル回路と論理 ………………………………… 73
　4.3　フリップフロップ ……………………………………… 85
　4.4　カウンタ ………………………………………………… 88
　4.5　エンコーダとデコーダ ………………………………… 91
　4.6　マルチバイブレータ …………………………………… 96
　4.7　IC使用上の注意点 ……………………………………… 101

第5章 メカニズムの基礎 ………………… 109
　5.1　メカニズムと運動 ……………………………………… 109
　5.2　歯車伝動装置 …………………………………………… 116
　5.3　リンク機構 ……………………………………………… 123
　5.4　カム機構 ………………………………………………… 132

第6章 センサの基礎 ……………………… 137
　6.1　センサの分類 …………………………………………… 137
　6.2　位置センサ ……………………………………………… 139
　6.3　温度センサ ……………………………………………… 151
　6.4　流量センサ ……………………………………………… 157

第7章 メカトロニクスの運動機器 …………… 162
　7.1　ステップモータ ………………………………………… 162

7.2　空気圧制御機器 …………………………………………… 171

第8章　**メカトロ制御系の基礎** ……………………… **183**
　　　8.1　制御系の分類 ………………………………………………… 183
　　　8.2　メカトロ制御系 ……………………………………………… 193
　　　8.3　位置の制御 …………………………………………………… 196

第9章　**回路製作のヒント** ………………………… **202**
　　　9.1　信号処理回路 ………………………………………………… 202
　　　9.2　モータ制御回路 ……………………………………………… 214

索　引 ……………………………………………………………………… 223

第1章　電気とは

電気とは何か？と問われても答えるのはなかなか難しい。しかし，一言で答えられなくても，例えば触ると「ビリッ」とするとか，また人によっては洋服を脱ぐときなど「パチ，パチ」とするとか，またある人は猫の背中をなでたとき毛がさかだつのが電気だとか……。これから電気とはいったいどのようなものかについて説明をする。

1.1　電気とは

すべての物質は**原子**からできており，原子は**原子核**と**電子**で構成されている。この電子は原子核を中心として，そのまわりを回っている。電子の数は物質によって異なるが，図1・1に示すようにシリコン（Si）原子の原子模型では，電子は内側からある規則に従って配列されている。どの原子も，電子は**マイナスの電気**（**負電気**）をもっている。また，原子核には**陽子**と**中性子**があり，陽子は**プラスの電気**（**正電気**）をもち，中性子は電気をもっていない。負電気と正電気は互いに引き合い，電子は原子核のまわりを回っているが，外側を回る電子は原子核から離れているために引き合う力が弱く，外部からの熱・光・電圧などの影響により原子の軌道からはずれて原子間を自由に動き回る。このような電子を**自由電子**といい，電気現

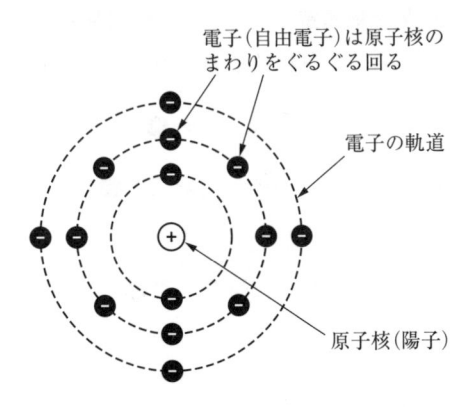

図 1.1　シリコン原子（$_{14}$Si）の原子模型

象はこの自由電子によって起こされるものである。現在では，陽子や中性子はさらに基本的な構成子である**クオーク**という微粒子から成り立っていると考えられているが，電気を学習するうえで大切なのは正電気をもつ陽子と負電気をもった電子である。

1.2 負(陰)電気と正(陽)電気

図1·1のように，シリコン原子は電子の数が14個で，また，原子核の中には電子14個分に相当する正電気がある。普通の状態では正電気と負電気が打ち消し合い原子には電気がないように見えるため，これを**中性の状態**という。ここで注意しなくてはならないのは，正・負電気が打ち消し合って消滅してしまうのでなく，正・負電気の影響がそれぞれ等しいので，電気的な性質が原子の外に現れていないのである。

図1·2(a)のように，外部から何らかのエネルギーを受けて，原子から電子が飛び出すと，原子は正電気が多くなるのでこれを「正電気を帯びる」という。また，図(b)のように電子が物質中に入ってくると，その中では負電気が多くなり外部には負電気の影響がでてくる。これを物質が「負電気を帯びる」といい，一般に**帯電**という。このとき帯電した電気のことを**電荷**という。また電荷のもつ電気の量を**電気量**といい，この電気量の単位には**クーロン**（単位記号：C）が用いられている。電気は電子の移動によって生じ，次のような性質をもっている。

(a) 正電気を帯びる　　(b) 負電気を帯びる

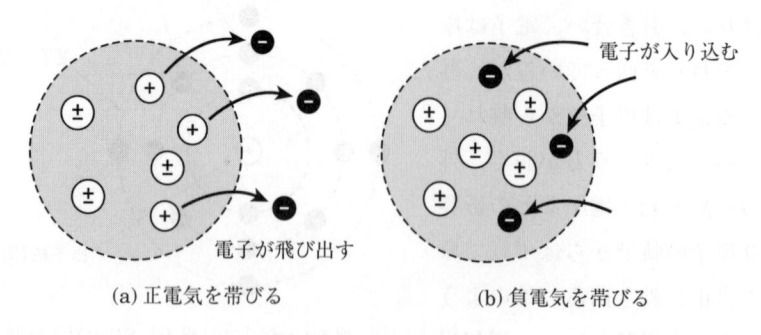

図1.2　物質中の電気

① 同じ量の正・負電気が結ばれると電気はなくなる。
② 同種の電気は反発し，異種の電気は引きつけ合う。
③ 反発する力と，引きつけ合う力は電気量（互いの電荷の積）に比例し，また電荷間の距離の2乗に反比例する。

1.3　電気はどのようにして作られるか

　電気を発生されるためには，物質中の自由電子を移動させればよいことがわかった。この電気のはじまりは，紀元前に発見された摩擦電気（**静電気**）である。この現象は**ギルバート**（イギリスの物理学者，1544～1603）により，摩擦によって各物質間に電気エネルギーが発生したと発表された。図1・3は，エボナイトの棒を乾いた布で摩擦すると小さな紙片を吸引する様子を示しており，この現象は図1・4のように考えることができる。すなわち，摩擦することによって温度が上昇し，電子が自由に飛び出しやすい状態となる。エボナイトより布のほうがその性質が大きいため，布の電子がエボナイトに移動する。よってエボナイトが帯電し，紙片を吸引するのである。静電気の性質は物質により異なっている。また，家庭のコンセントに送られてきいている電気や乾電池からの電気エネルギーのことを**動電気**というが，一般には単に**電気**という。静電気も動電気も，どちらも陽子と電子が関連しているから本質は同じといってもよい。

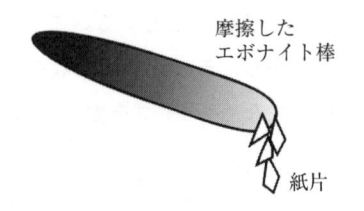

図1・3　摩擦電気の実験

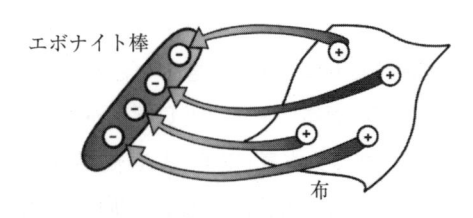

図1・4　摩擦電気の発生する考え方

1.4 電流とは

いろいろな電気現象は，電気の流れによって起こされている。この電気の流れを**電流**といい，水の流れ（水流）と同じように考えることができる。図1·5(a)のように貯水池の水はバルブを開くことにより，水車を回し，粉ひき臼を動かす。水車を回した水は川に流れていく。貯水池に雨が降り水がたまっていれば，いつまでも連続して臼を動かすことができる。これと同じように図(b)では，貯水池の水は乾電池に，バルブはスイッチに，パイプの太さは**電気抵抗**（R）に，水車はモータ（M）に相当する。ここで電気回路の電圧（V）が水圧に，水流は電流（I）になるから，モータの回転数を上げるためには電圧を上げるか，電気回路の電気抵抗を少なく（パイプを太く）すればよいことがわかる。

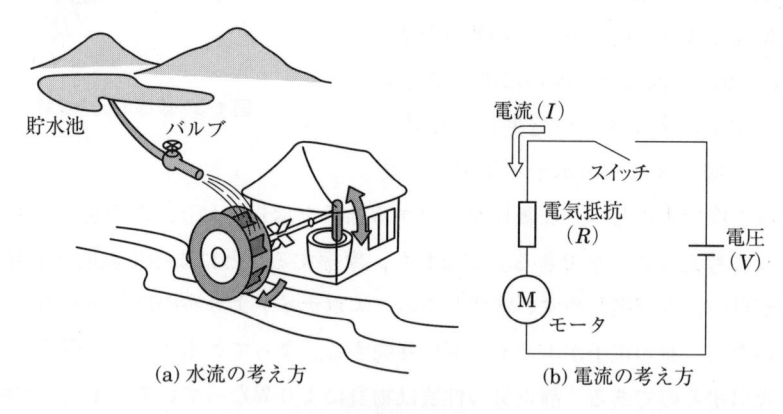

(a) 水流の考え方　　　　(b) 電流の考え方

図1·5 水流と電流

ここで，電流についてもう少し詳しく調べてみよう。電気は電線を通して流れる。電線はおもに金属でできているから，その中の様子を調べてみる。図1·6のように電線の両端に正電気と負電気が帯電されている金属球A，Bを電線でつなぐ。B球にある負電気（電子）はA球に移動し，正電気を中和しようとして電線の中に入ってくる。電線内の電子の動きは，B球の電子が次々と押されてA球に移動していく。よく電気の伝わる速さは光と同じで1秒間に地球を7.5周（約30万km）というが，電線内を移動する電子の速さは非常に遅いのである。やや矛盾

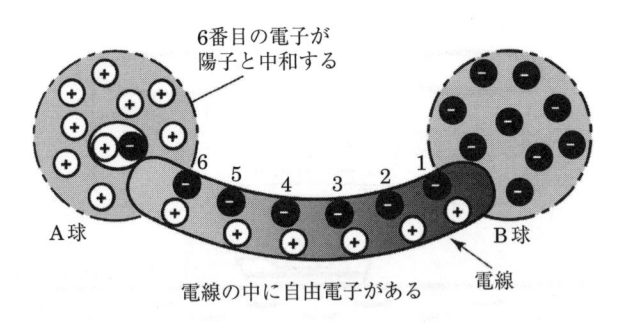

図1·6 電線の中の電子の移動

しているようだが，電流の流れは非常に速いのである。これは電子が1つ電線に入ると，瞬間に次の電子が押され電気エネルギーが伝わるからである。

電流が流れるというのは電子が移動するということである。電流の流れる方向はプラスからマイナスへ流れると定義されているが，電子の流れはマイナスからプラスである。したがって，電子の流れと電流の方向は反対である。これは電流の方向を決めたとき，水流と同じように電位の高いプラスから流れると決めたためである。電気を使うと電流が流れるが，この電流の大きさは**アンペア**(単位記号：A)という単位を用い，1秒間にある断面を通過する電気量で表している。すなわち，毎秒1〔C〕の割合で電荷が移動するときの電流の大きさを1〔A〕と決めている。

1.5 電圧とは

図1·7(a)のようにたくさんの水が入ったタンクAと少ないタンクBをパイプでつなぐと，水位の高いタンクAから低いタンクBに向かって水流が生じる。これと同様に図(b)のように，電気でも水位に相当する**電位**というものを考える。一般に大地を電位0と約束し，電流は電位の高いほうから低いほうへ向かって流れる。この電位の差を**電位差**または**電圧**という。電位，電位差，電圧の大きさはどれも**ボルト**(単位記号：V)という単位を用いる。家電製品の多くは電圧100V

図1・7 水流と電流

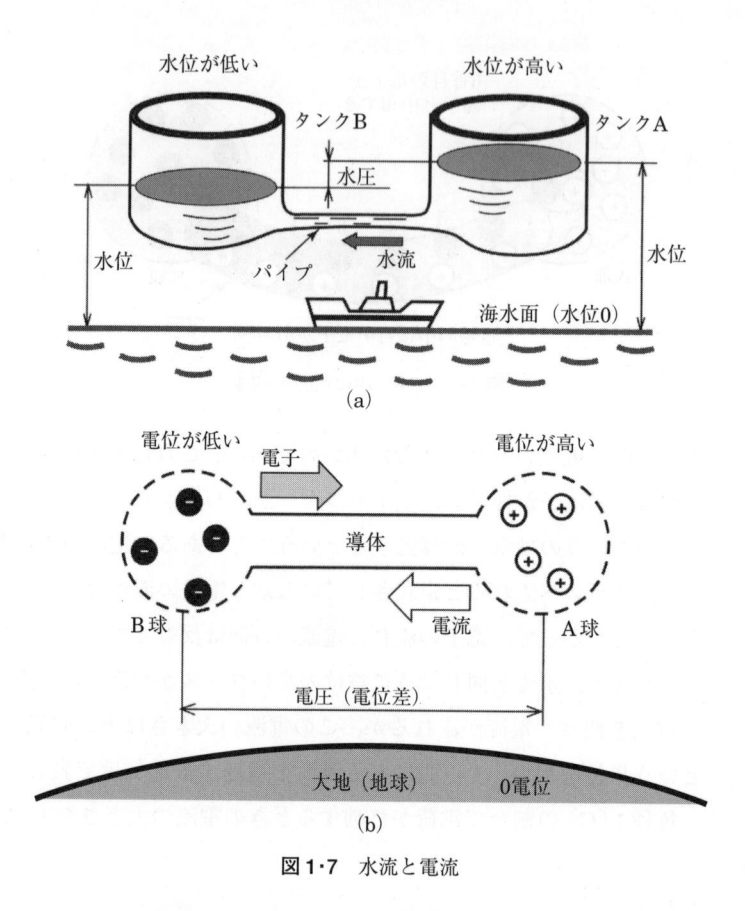

で動作し，一般的な乾電池の電圧は1.5Vである。

1.6 電源と電気回路

1.6.1 電源

図1・7(a)ようなパイプには，水位の高いAから低いBに向かって水流があるが，いずれ水位の差がなくなり水流が止まる。そこで図1・8(a)のように，A，Bタンクの間にポンプを入れ，水位の差を作れば連続した流れができる。

1.6 電源と電気回路

電気においても，図1·8(b)のように電位の高いA球(+)と低いB球(−)を電線でつなげ，ポンプの代わりに電池を接続すると，電圧の高いほうから低いほうへ電流が流れ続ける。このように連続して電流を流すための電位差を作る装置（ここでは電池）を**電源**という。

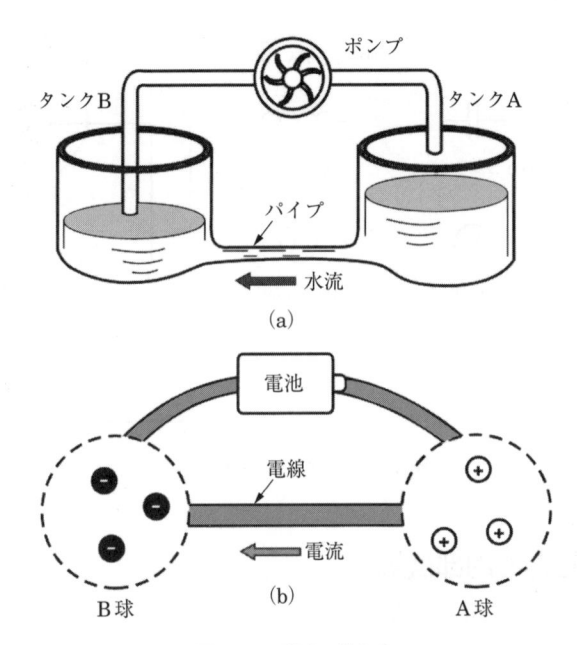

図1·8 電源の考え方

1.6.2 電気回路

図1·9のように，電池と豆電球を電線でつなげると，1つの閉じた回路ができ，矢印方向の電流が流れて豆電球が点灯する。このように電源からの供給を受けて，ある仕事（ここでは豆電球の点灯）をするものを**負荷**という。また，このような回路を**電気回路**または

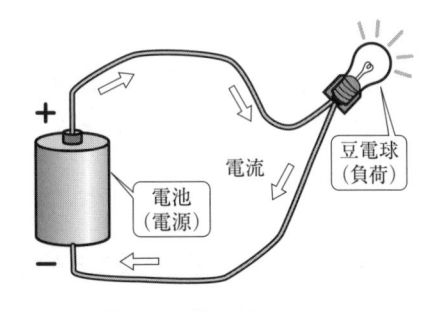

図1·9 電気回路

単に**回路**という。実際の電気回路の作成には，それぞれの部品について**電気用図記号**を用いて表す。図1・10におもな図記号と回路図の例を示す。

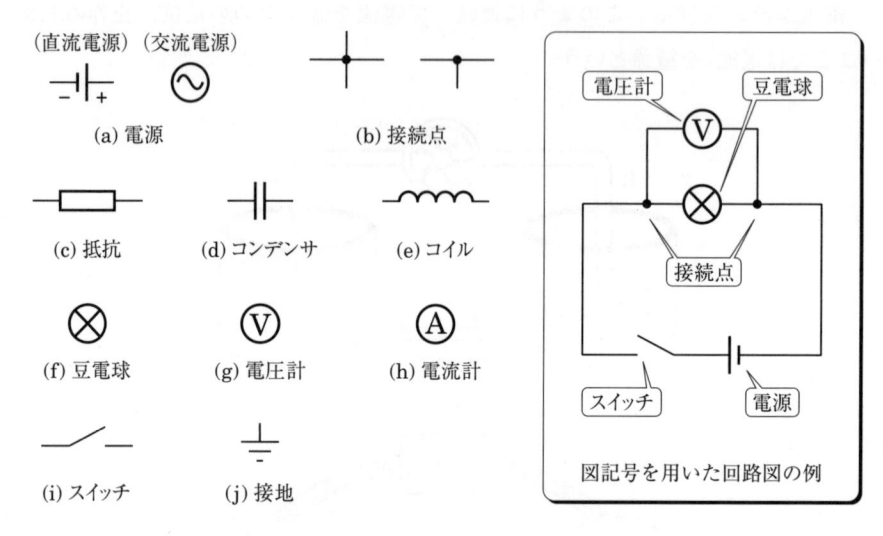

図1・10 おもな電気用図記号

1.6.3 起電力と内部抵抗

実際の電源（電池や発電器など）の内部には，図1・11のように少しではあるが抵抗をもっている。このような抵抗のことを**内部抵抗** r 〔Ω〕といい，発生している電圧を**起電力** E〔V〕という。両者と**電源電圧** V〔V〕との間には次式のような関係がある。

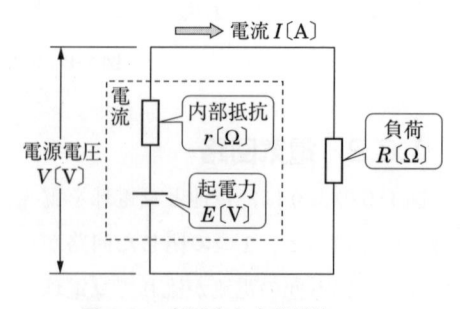

図1・11 起電力と内部抵抗

$$V = E - Ir \text{〔V〕}$$

今後本書では，電源電圧のことを電圧 V〔V〕と表記する。

1.7 導体と不導体

物質には，電流の流れやすいものと流れにくいものがあり，家庭の電気器具などで電気の通り道となるコードには，電流の流れやすい銅線が使われている。金やアルミニウムなどの金属は電気をよく通すが，金属以外でもカーボンや食塩水などは電気をよく通すことが知られている。このような電気をよく通す物質を**導体**という。これに対してゴム，プラスチック，ガラスなどの電気を通しにくい物質を**不導体**（**絶縁物**）という。この導体と不導体の中間の性質をもつものを**半導体**といい，トランジスタやICの材料となっている。電気をよく通すか通さないかは，その物質中の自由電子が多いか少ないかで決定される。

1.8 電気抵抗

一般に，物質を流れる電流は，電流の流れる方向に垂直な断面積が広くなれば流れやすく，流れる距離が長くなれば流れにくくなる。すなわち電気抵抗は断面積に反比例し，長さに比例することがわかる。図1・12のように断面積をS〔m^2〕，長さをl〔m〕，比例定数をρ〔$\Omega \cdot m$〕とすると，**電気抵抗**R〔Ω〕は，次式で表される。

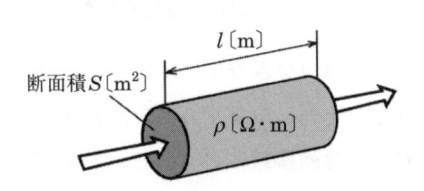

図1・12 抵抗材料の断面積と長さ

$$R = \rho \times \frac{l}{S}$$

ここで，比例定数ρをその物質の**抵抗率**という。電気回路の電源と負荷を結ぶ電線には抵抗率の小さな材料を使用するが，電流を制限したり電熱器などの抵抗器には，抵抗率の大きな材料を使用する。抵抗には多くの種類があり，これらについては後述する。また，特殊な抵抗器として，温度により抵抗が変化する**サーミスタ**や，電圧によって抵抗が変化する**バリスタ**がある。

1.9 オームの法則

電気回路に流れる電流と電圧の関係については，**オーム**（ドイツの物理学者，1787～1854）が実験結果から，「電流（I）は電圧（V）に比例し，電気抵抗（R）に反比例する」という**オームの法則**を導き出した。この法則を式で表すと，次式のようになる。

$$I〔A〕=\frac{V〔V〕}{R〔\Omega〕}$$

このオームの法則は，電気を学習するうえで最も重要な基本法則である。この法則をしっかりとマスターすれば，電気回路についてほぼ理解できたといっても過言ではない。

1.10 抵抗の接続について

抵抗のつなぎ方には，大きく分けて2種類の方法がある。図1・13(a)のように電球を一列につなぐ方法を**直列接続**といい，図(b)のように電球を平行につなぐ方法を**並列接続**という。これを回路図で表すと図1・14(a)，(b)となり，直列接続の場合はすべての電球に同じ電流が流れ，並列接続の場合はすべての電球に同

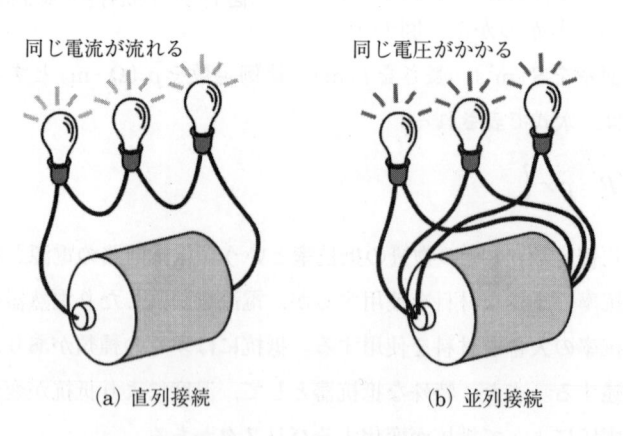

(a) 直列接続 　　　　(b) 並列接続

図1・13　電球のつなぎ方

1.10 抵抗の接続について

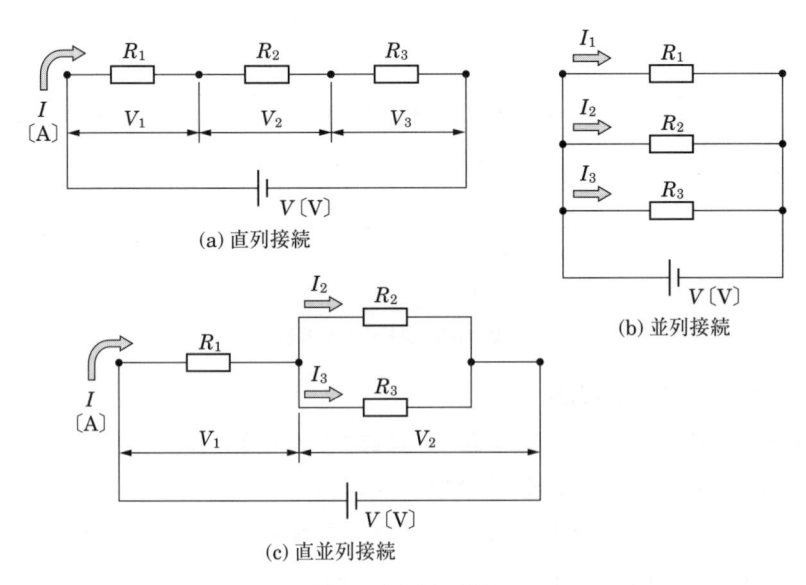

図 1.14 抵抗の接続
(a) 直列接続
(b) 並列接続
(c) 直並列接続

じ電圧がかかる。また，図 1·14(c) のように直列と並列を組み合わせて接続する方法を**直並列接続**という。

1.10.1　直列接続の回路計算

図 1·15(a) のように，抵抗 R_1, R_2, R_3 〔Ω〕が直列に接続された回路に電圧 V〔V〕を供給したとき，電流 I〔A〕が流れたとする。ここで抵抗 R_1, R_2, R_3 それぞれの端子間の電圧を V_1, V_2, V_3 とすると，オームの法則から，

$$V_1 = R_1 \cdot I$$
$$V_2 = R_2 \cdot I$$
$$V_3 = R_3 \cdot I$$

となるから，全体の電圧 V〔V〕は，次のようになる。

$$V = V_1 + V_2 + V_3 = (R_1 + R_2 + R_3)I = RI \text{〔V〕}$$

$$I = \frac{V}{R_1 + R_2 + R_3} = \frac{V}{R} \text{〔A〕}$$

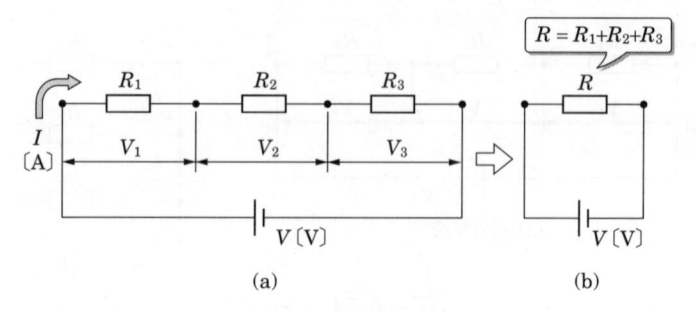

図 1.15 抵抗の直列接続

ここで，$R = R_1 + R_2 + R_3$

よって，抵抗 R_1, R_2, R_3 が直列に接続されたときには，図(b)のように R ($= R_1 + R_2 + R_3$) の1つの抵抗に置き換えることができる。このように，多くの抵抗が接続された回路の抵抗と同じ働きをする等価な抵抗のことを**合成抵抗**という。すなわち，R_1, R_2, R_3, $\cdots$, R_n の n 個の抵抗を直列につないだときの合成抵抗は，それぞれの抵抗の和に等しくなり，次式のように表す。

$$R = R_1 + R_2 + R_3 + \cdots + R_n \ [\Omega] \qquad (直列回路の合成抵抗)$$

ここで，図 1·15 (a) の回路について直列に接続された R_1, R_2, R_3 のそれぞれの抵抗の両端に加わる電圧について考えてみよう。

まず，電流 I [A] は，

$$I = \frac{V}{R_1 + R_2 + R_3}$$

となるから，R_1, R_2, R_3 の両端の電圧 V_1, V_2, V_3 [V] は，

$$V_1 = R_1 I = R_1 \frac{V}{R_1 + R_2 + R_3}$$

$$V_2 = R_2 I = R_2 \frac{V}{R_1 + R_2 + R_3}$$

$$V_3 = R_3 I = R_3 \frac{V}{R_1 + R_2 + R_3}$$

$$\therefore \quad V_1 : V_2 : V_3 = R_1 : R_2 : R_3$$

すなわち，R_1, R_2, R_3 の両端の電圧は，抵抗に比例して加わることがわかる。

1.10.2 並列接続の回路計算

図1·16(a)のように,抵抗R_1, R_2, R_3〔Ω〕が並列に接続された回路に電圧V〔V〕を加えた場合を考えてみよう。いま,抵抗R_1, R_2, R_3〔Ω〕に流れる電流をI_1, I_2, I_3〔A〕とすると,

$$I_1 = \frac{V}{R_1} \quad , \quad I_2 = \frac{V}{R_2} \quad , \quad I_3 = \frac{V}{R_3}$$

となるから,全電流I〔A〕は,

$$I = I_1 + I_2 + I_3 = \left(\frac{1}{R_1} + \frac{1}{R_2} + \frac{1}{R_3}\right)V = \frac{V}{R}$$

ここで,$R = \dfrac{1}{\dfrac{1}{R_1} + \dfrac{1}{R_2} + \dfrac{1}{R_3}}$

これが並列接続したときの合成抵抗である。すなわち,R_1, R_2, R_3, …, R_nのn個の抵抗を並列につないだときの合成抵抗は,それぞれの抵抗の逆数の和の逆数で表され,次式のようになる。

$$R = \frac{1}{\dfrac{1}{R_1} + \dfrac{1}{R_2} + \dfrac{1}{R_3} + \cdots + \dfrac{1}{R_n}} \ 〔Ω〕 \quad \text{(並列回路の合成抵抗)}$$

なお,並列接続された抵抗がR_1とR_2の2つだけの場合,合成抵抗は次式で表される。

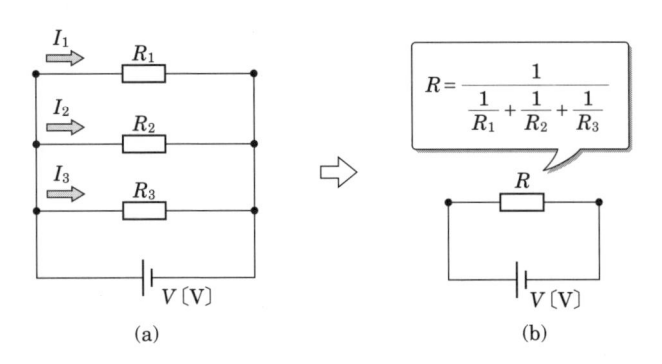

図 **1.16** 抵抗の並列接続

$$R = \frac{R_1 R_2}{R_1 + R_2} \ [\Omega] \qquad (抵抗が2つだけの場合の合成抵抗)$$

また，並列抵抗の各分路に流れる電流はそれぞれの抵抗の逆数の比に分流して流れる。すなわち，各電流 I_1, I_2, I_3 は，

$$I_1 : I_2 : I_3 : \cdots : I_n = \frac{1}{R_1} : \frac{1}{R_2} : \frac{1}{R_3} : \cdots : \frac{1}{R_n}$$

となる。

1.10.3　直並列接続の回路計算

直並列接続された抵抗の合成抵抗については，はじめに並列接続部の合成抵抗を求めてから，直列接続された回路として全体の合成抵抗を求める．図 1·17 (a) の直並列接続の回路を例として合成抵抗を求めてみる．並列接続された抵抗は R_2 と R_3 であるので，この合成抵抗 R_{23} は，

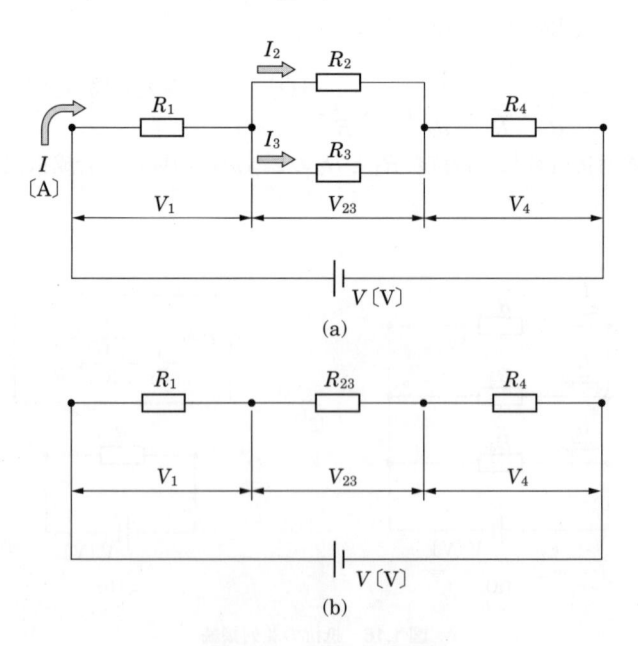

図 1.17　抵抗の直並列接続

$$R_{23} = \frac{R_2 R_3}{R_2 + R_3} \,[\Omega]$$

となり，図(b)のようになる．したがって，この回路全体の合成抵抗 R は次式のようになる．

$$R = R_1 + R_{23} + R_4 = R_1 + \frac{R_2 R_3}{R_2 + R_3} + R_4 \,[\Omega]$$

1.11　ホイートストンブリッジ

　図1・18のように4個の抵抗を組み合わせ，その対角線上に**検流計** G（微少電流が計れる電流計）を接続した回路を**ホイートストンブリッジ**という．抵抗の測定や温度検出センサ回路などに利用される．4個の抵抗のうち，どれか1つを調整して検流計に流れる電流をゼロにすると，cd間の電位差が0 [V] になる．これを**ブリッジが平衡した**といい，次のような関係式が導かれる．

$$R_1 \cdot R_4 = R_2 \cdot R_3$$

　これを，**ブリッジの平衡条件**という．

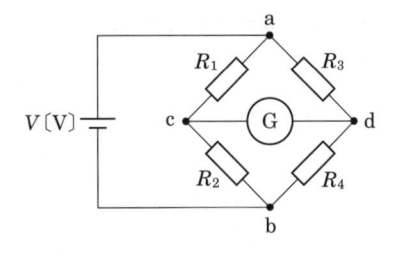

図1.18　ホイートストンブリッジ回路

1.12　コンデンサについて

　図1・19(a)のように絶縁物を2つの電極で挟み，その電極間に電圧を加えると，電荷が蓄積される．これは電気エネルギーを蓄えたことになり，このようなものを**コンデンサ**という．これは，電気回路を構成する素子として抵抗とともに大変重要な素子の1つであり，コンデンサの種類などについては，後述する．このコ

ンデンサは蓄電器ともいわれ，ある一定時間電気を蓄積する。ここで，加えた電圧V〔V〕と，電荷Q〔C〕の間には$Q = CV$という関係があり，この比例定数Cを**静電容量**（単位記号：$\overset{\text{ファラド}}{\text{F}}$）という。

図1.19において平行電極間の電極の面積をS〔m^2〕，電極間隔をd〔m〕とすると，静電容量Cは，$C = \varepsilon \cdot S / d$となる。静電容量を大きくするためには，電極の面積を大きくし，電極間の間隔を短くすればよい。ここで，$\overset{\text{イプシロン}}{\varepsilon}$は絶縁物によって決まる定数で誘電体（絶縁物）の**誘電率**という。図(b)にコンデンサの図記号の例を示す。

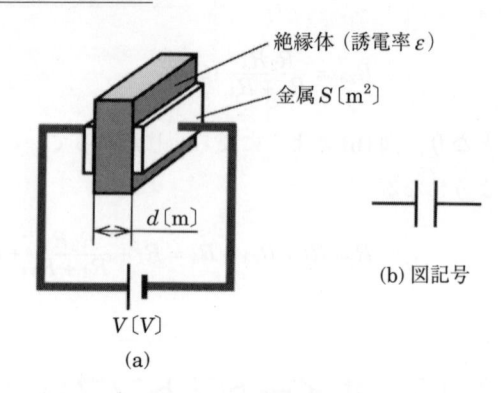

図1・19 平行板コンデンサ

ここで，コンデンサの性質について，少し触れておく。図1・20(a)のようにコンデンサに直流電圧を加えるとある時間電流が流れるが，コンデンサに電荷がいっぱいになると電流は流れなくなる。これに対し，図(b)のように交流電圧を加えると，電圧の極性がプラス，マイナスと変化するため，電流の方向が変わり（充放電を繰り返す）電流は連続して流れる。

また，コンデンサの接続法には，抵抗と同じように直列接続と並列接続がある

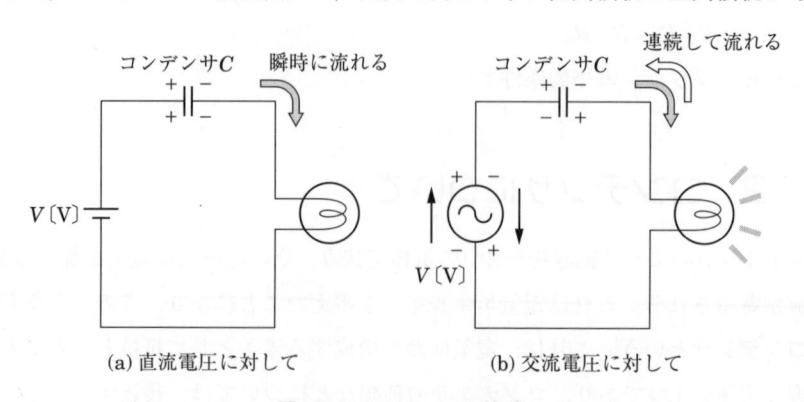

(a) 直流電圧に対して　　　　(b) 交流電圧に対して

図1.20　コンデンサの性質

が，ここでは並列接続について少し触れておく．図1・21のように並列接続したときの合成静電容量は，抵抗の直列接続の合成抵抗と同じように各コンデンサの静電容量の総和になる．

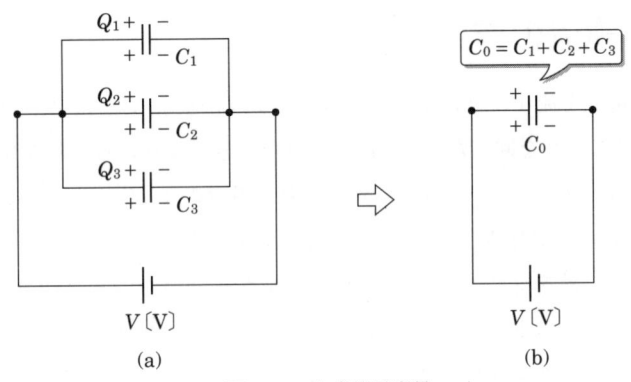

図 1.21 合成静電容量

1.13 コイルのはたらき

電気回路を構成する素子には，抵抗，コンデンサのほかに**コイル**がある．図1・22(a)のように，直流を電源として回路に流れる電流と，図(b)のように電源を交流にしたときとでは，直流のほうが多く電流が流れる．これは，コイルに交流を加えると，コイルの抵抗成分のほかに，**インダクタンス**(抵抗とインダクタ

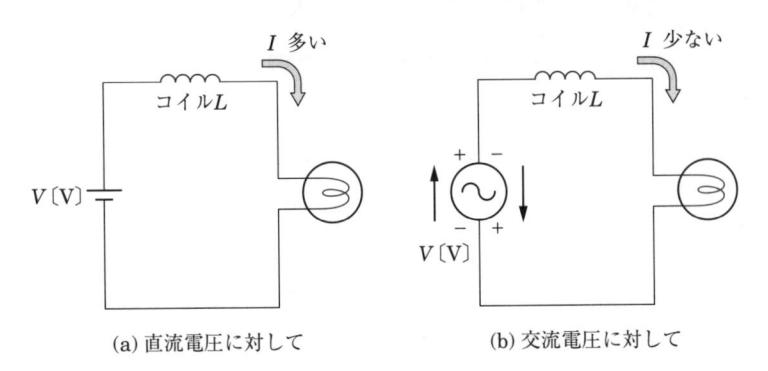

図 1.22 コイルのはたらき

ンスを合わせて**インピーダンス**という)という抵抗成分が生じてしまうため電流が減少する。なお,交流の周波数によっても流れる電流は変化する。

1.14 電流の作用

電源から電流を流すことによって,電気コタツが暖まったり,電球が点灯したり,洗濯機のモータを回したりと,電流のはたらきによりいろいろな仕事をする。電流のはたらきは次の3つに分けられ,これを電流の3大作用という。

(a) **発熱作用** 電熱線(ニクロム線)などに電流を流すことによって**ジュール熱**を発生させ,その熱エネルギーでいろいろな仕事をする。電気ストーブ,アイロン,電気コタツなどがそうである。

(b) **化学作用** 食塩水や硫酸の水溶液に電流を流すと化学変化を起こす。この化学作用で電気分解や電気メッキなどが行われる。電池は,この化学作用で起電力を発生している。

(c) **磁気作用** 電線やコイルに電流を流すと磁気が発生する。この磁気作用を利用したのが電磁石やモータ,発電機,トランス(変圧器)などである。

1.15 電流の磁気作用について

1.15.1 直線状に流れる電流の作る磁界

図1・23のように水平に置いた厚紙に対して電線が垂直に貫くようにする。電線に電流を流し,厚紙の上に鉄粉を散布して厚紙を軽くたたくと,鉄粉は電線を中心として同心円上に配列される。この鉄粉の模様は**磁力線**(磁気現象を説明するための仮想した線)の方向を示し,その方向は方位磁石を厚紙に置いたとき,N極の示す方向で調べることができる。これにより,電線(導体)に電流を流すとその周囲に**磁界**(磁気力の作用している空間)が発生していることがわかる。この現象は**エルステッド**(デンマークの物理学者,1777〜1851)によって1820

1.15 電流の磁気作用について

年に発見された。これは，図1・24のように電線にaからb方向へ電流を流すと，電線周囲には図のように時計回りに磁界ができる。また，電流の方向を下から上へ流すと半時計回りに磁界が発生する。この磁界の発生する様子が，図1・25のように右ねじを締める方向に回す(進む)のと同じなので**右ねじの法則**ともいう。

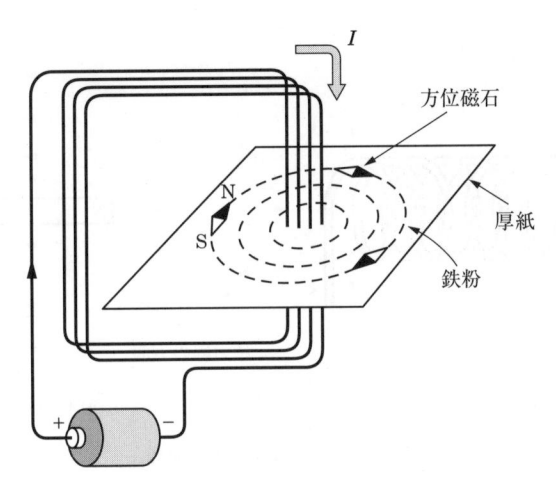

図1.23　直線状電線の作る磁界

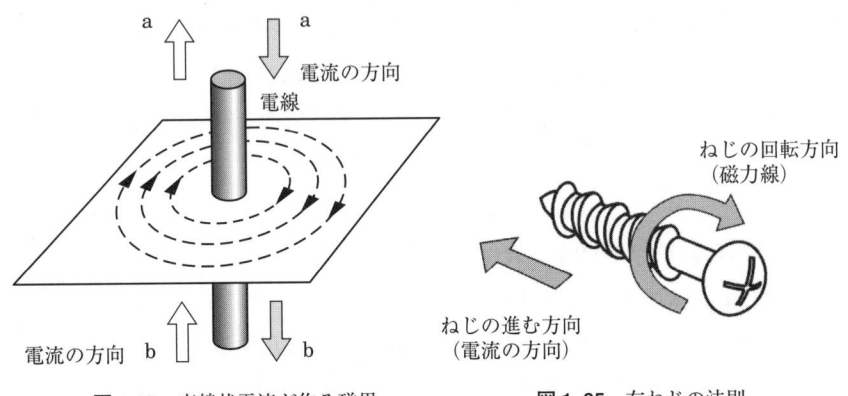

図1.24　直線状電流が作る磁界

図1・25　右ねじの法則

1.15.2 コイルに流れる電流による磁界

図1・26(a)のように電線を筒型に巻いた**コイル**(これを**ソレノド**ともいう)に電流を流すと，磁力線は図の方向に発生する。コイルの外部への磁力線の状態は，棒磁石の作る磁力線の様子と同じで，このように電流によってできた磁石を**電磁石**という。

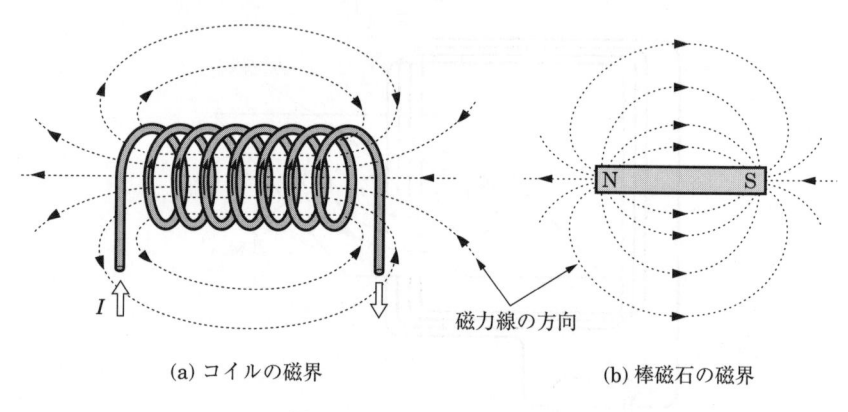

(a) コイルの磁界　　　　　　　　(b) 棒磁石の磁界

図1・26　コイルと磁石の磁界

電流によって生じる磁力線の方向を知るためには**右手親指の法則**を用いる。直線状電線の場合は，図1・27(a)のように親指を電流の方向に合わせると，残りの4指の向きが磁力線の方向と一致する。また，コイルの場合は，図(b)のように4指の向きを電流の方向に合わせると，親指が磁力線の方向を示している。ここで，コイルに発生する**磁束 Φ**(ファイ)(磁極から発生する磁気的な線)は次式で表される。

$$\Phi = \frac{IN}{R}$$

ここで，Nはコイルの巻数，Rは磁気抵抗である。

図1・28(a)のような，空心コイルでは鉄片などを吸引する力は弱いが，図(b)のようにコイル内に鉄心を入れると大きな吸引力が作用する。これは，鉄心を入れたことによって磁気抵抗が小さくなり，磁束 Φ が増加するためである。これは，**電磁ソレノイド**としていろいろなところに利用されている。

1.15 電流の磁気作用について

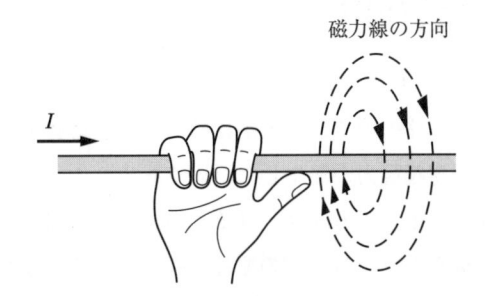

(a) 直線状の電線

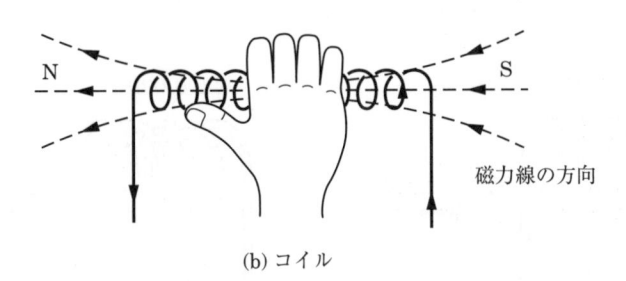

(b) コイル

図 1.27 右手親指の法則

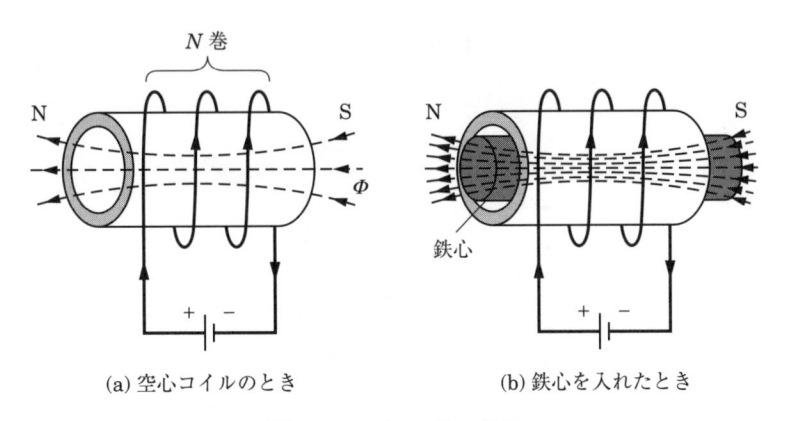

(a) 空心コイルのとき

(b) 鉄心を入れたとき

図 1.28 コイルの作る磁束

1.16 電磁誘導作用

図1·29のように，コイルの中の磁石を動かすと，コイルに電流が流れることが観察できる。これは導体の中で，磁束が移動（これを**鎖交**するという）することにより，導体内に**誘導起電力**が発生したためである。これを電磁誘導に関する**レンツの法則**という。起電力の方向は，コイルの磁束の変化を妨げる方向に発生する。これは，発電機やトランスなどの原理になっている。また，右手の3指を図1·30のように置くことによって起電力の方向を知ることができる。これを**フレミングの右手の法則**という。

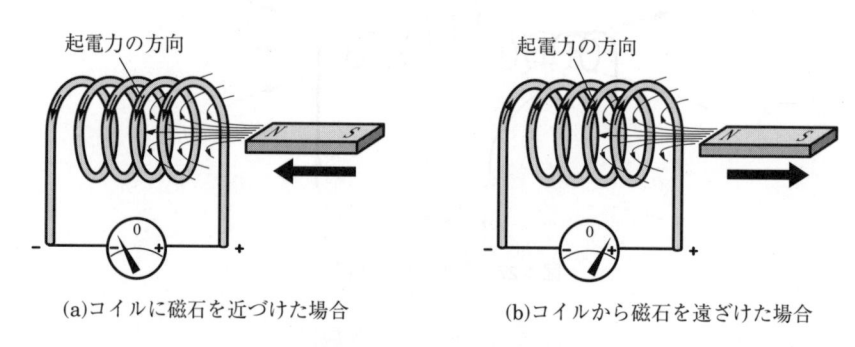

(a) コイルに磁石を近づけた場合　　(b) コイルから磁石を遠ざけた場合

図1·29　レンツの法則

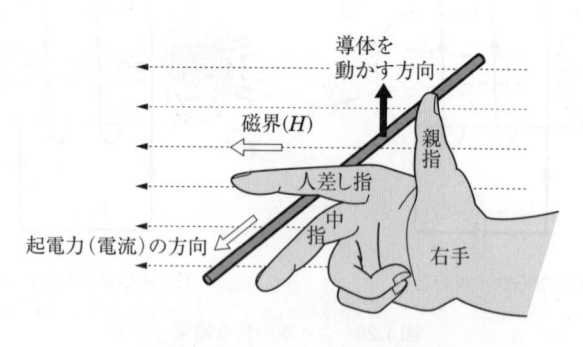

図1·30　フレミングの右手の法則

1.17 電磁力の方向

　図1・31のように，N，S磁石の間に導体を置き，導体に図の方向から電流を流すと，導体は矢印の方向に動くことが観察できる。このときの移動方向を知るためには**フレミングの左手の法則**を使うと便利である。これは，左手の親指，人差し指，中指を図1・32のように曲げて，人差し指を磁界 H の方向に，中指を電流 I の方向に向けると，親指の方向が導体に作用する**電磁力**（移動方向）になる。この原理がモータなどに利用されている。

　ここで，フレミングの右手と左手の法則が出てきたが，次のように覚えると理解しやすい。

　　右手　……　み ぎ 手　　きがついて　　　起（き）電力の方向
　　左手　……　ひだり手　　りがついて　　　力（り）電磁力の方向

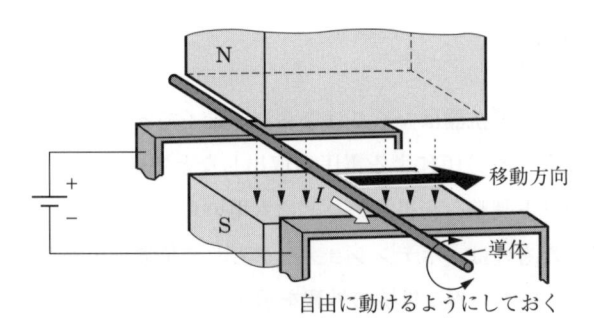

図1・31　磁界中の導体にはたらく力

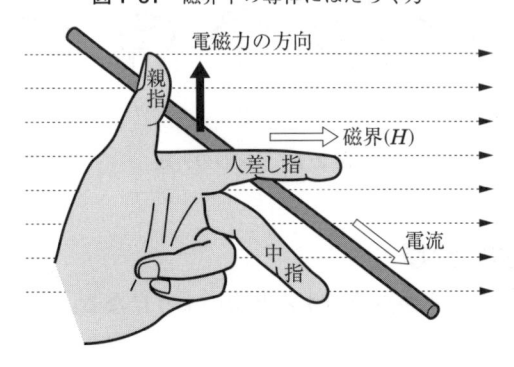

図1・32　フレミングの左手の法則

第2章　回路の構成素子

　センサ回路や信号処理回路には多くの部品が使われている。ICなどの標準化により，部品点数は大幅に削減されたが，大電流を供給したり，高い静電容量を必要とする場合，あるいは回路の時定数を整える場合などには，ICの外部にそれぞれの部品を接続することが必要である。ここでは，抵抗，コンデンサ，トランジスタなどの代表的汎用部品をはじめとし，表示素子やスイッチング素子などについて解説する。

2.1　抵抗器

　電子回路において**抵抗器**はなくてはならない素子である。抵抗のおもな用途は，電流制限と電圧降下や分圧による電圧の取出しなどである。精度の高い抵抗は，センサのオフセット調整や利得調整などにも用いられる。また，可変抵抗のうち特性の調整されたものは，ポテンショメータとして位置検出器などにも応用されている。図2・1にいろいろな抵抗の外観を示す。

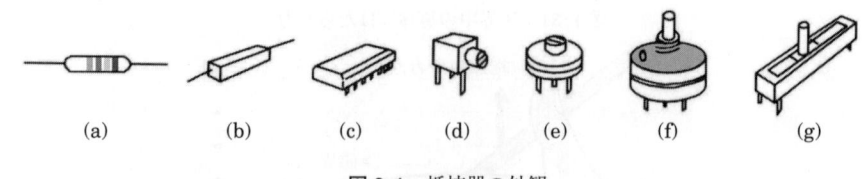

図2・1　抵抗器の外観

2.1.1　抵抗器の分類

　抵抗器を抵抗値の形式から分類すると次のようになる。(a)〜(g)は図2・1の外観に対応している。

2.1 抵抗器

- ● **固定抵抗器**　：抵抗値が一定のもの…(a)，(b)，(c)。
- ● **半固定抵抗器**：抵抗値は可変であるが，定数の調節などに用いた後，固定するような箇所に用いるもの…(d)，(e)。
- ● **可変抵抗器**　：操作量や設定値など，頻繁に変化させることを目的とした箇所に用いるもの…(f)，(g)。

図2・2は，ICと同じパッケージの中に抵抗成分を並べたもので，**ラダー抵抗**と呼ばれる。値の等しい抵抗を数多く使用する場合に用いられる。

次に，抵抗器をその用途から分類すると表2・1のようになる。また，抵抗材料やその構造から見ると表2・2のようになる。

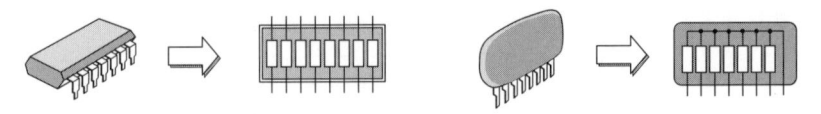

図 2・2　ラダー抵抗の概念

表 2・1　抵抗器の用途による分類

抵抗器	用　途
精密抵抗器	高精度で，温度変化に対し安定しているもの。
電流調整用	定格電力が比較的高く，耐熱性のあるもの。
電熱用	電流を流して発熱させることを目的としたもの。
測温用	温度検出を目的とし，温度に対する抵抗変化率の良好なもの。

表 2・2　抵抗器の材料や構造による分類

抵抗器	抵抗材料や構造
炭素被膜抵抗器	歴史的に最も長く用いられているもので，数Ω～数MΩ程度まで広範囲に用いられている。一般には，**カーボン抵抗器**と呼ばれている。温度上昇に対し抵抗値の低下する傾向がある。
金属被膜抵抗器	温度，湿度などの変化に対して安定であり，精度も比較的高く，精密用途に用いられる。
固定体抵抗器	安定性・精度などの面で炭素被膜抵抗器と金属被膜抵抗器の中間に位置する抵抗器である。一般には，**ソリッド抵抗器**と呼ばれている。
巻き線抵抗器	抵抗線を巻いて作ったもので，極めて低い抵抗値のものから，大電流を流しても発熱に耐えることのできるホーロー質，その他の耐熱被覆を施して，抵抗値は広範囲のものが作られている。

2.1.2 抵抗器の使い方

回路図には，**抵抗図記号**と**抵抗値**が示されているが，抵抗の選定には抵抗値だけでなく，電流×電圧＝電力も考えておかなければならない。その抵抗に適した電力のことを**定格電力**といい，1/8W，1/4W，1/2W，1W，2W…のように用途に合わせたものが市販されている。図2・3に抵抗器の図記号を示す。

この抵抗の両端に電池を接続すると，回路が閉じて電流が流れる。図2・4(a)では，この電流を抵抗Rで$P〔W〕$の熱として消費させ，モータに加わる電力を調整し，モータの回転を制御している。

発熱量＝電流×電圧＝電流^2×抵抗の関係から，

$$P = i^2 R = \frac{V^2}{R}$$

となって，この$P〔W〕$を前述の定格電力の値以下に抑えることが必要である。

図(b)ではR_1, R_2の両方に電流iが流れるので，**分圧電圧**$= iR_2$である。

$$i = \frac{V}{R_1 + R_2}$$

(a) 固定抵抗器　　　　　　(b) 可変抵抗器

図2・3 抵抗器図記号

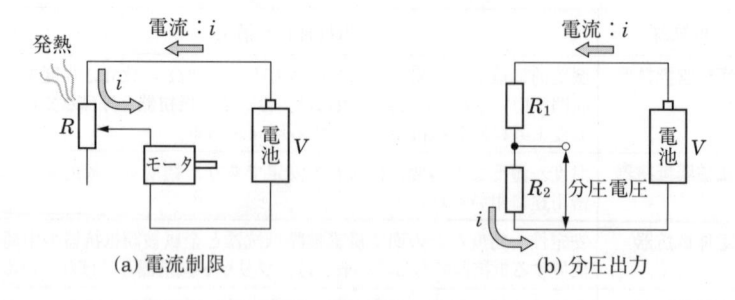

(a) 電流制限　　　　　　(b) 分圧出力

図2・4 抵抗器の使用例

2.1 抵抗器

から，

$$分圧電圧 = V \frac{R_2}{R_1 + R_2}$$

となる．

固定抵抗器には，**標準抵抗値**が定められている．その値以外の抵抗値を必要とする場合は，抵抗を組み合わせて目的の合成抵抗値を作ったり，調整用の半固定抵抗を併用したりする．抵抗値は，全ての抵抗器に明示してあるが，小型のものでは直接値を示さず，**カラーコード**で表示する．図2・5にその例を示す．

円周上に帯状に着色されているので，部品がどのように実装されていても抵抗

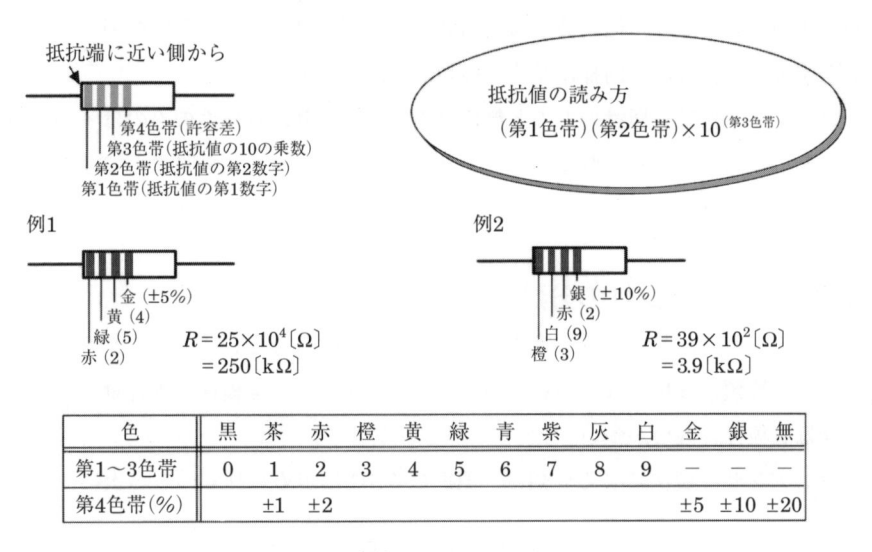

抵抗端に近い側から
第4色帯（許容差）
第3色帯（抵抗値の10の乗数）
第2色帯（抵抗値の第2数字）
第1色帯（抵抗値の第1数字）

抵抗値の読み方
（第1色帯）（第2色帯）×10^(第3色帯)

例1
金（±5%）
黄（4）
緑（5）
赤（2）
$R = 25 \times 10^4 \,[\Omega]$
$= 250 \,[k\Omega]$

例2
銀（±10%）
赤（2）
白（9）
橙（3）
$R = 39 \times 10^2 \,[\Omega]$
$= 3.9 \,[k\Omega]$

色	黒	茶	赤	橙	黄	緑	青	紫	灰	白	金	銀	無
第1〜3色帯	0	1	2	3	4	5	6	7	8	9	―	―	―
第4色帯(%)		±1	±2								±5	±10	±20

図2・5 抵抗カラーコードとその例

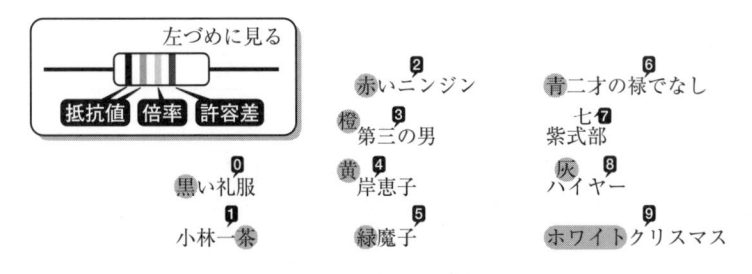

左づめに見る
抵抗値　倍率　許容差

❷ 赤いニンジン
❸ 橙第三の男
❹ 黄岸恵子
❶ 小林一茶
❺ 緑魔子
❻ 青二才の禄でなし
❼ 七紫式部
❽ 灰ハイヤー
❾ ホワイトクリスマス
❿ 黒い礼服

図2・6 抵抗カラーコードの語呂合わせの例

値を確認できる。カラーコード抵抗値の読み方は，残念ながら慣れるしかないようであるが，参考までに古典的な語呂合せを紹介する。人名が登場するので，覚えやすいようにアレンジしてほしい。

2.2 コンデンサ

コンデンサ(condenser)は電荷を貯える部品で，蓄電池も容量の大きなコンデンサと考えることができる。いろいろな電子回路，微分・積分などの信号処理回路に用いられており，低周波から高周波，直流および交流回路と広範囲の需要を満たすよう，抵抗器と同様に多くの種類が市販されている。

コンデンサには**有極性**のものと**無極性**のものがあり，有極性のものは＋あるいは－を示す記号が明示されている。有極コンデンサの＋，－を間違えて通電すると煙を出したり，場合によっては破裂したりするので非常に危険である。

2.2.1 コンデンサの分類

コンデンサは，静電容量，電流リーク特性，応答性などにより，表2·3のように多くの種類に分類されている。小容量のコンデンサは無極性，大容量のコンデンサは有極性のものが多い。

コンデンサの製法による分類は，JIS C 5101に定められている。次に，その

表2·3 コンデンサの分類

	種　類	構造や性能
無極性	セラミック(磁器)コンデンサ	小容量のものに用いられ，安価で応答性が高い。温度変化に対しては不安定である。
	フィルムコンデンサ	誤差が小さく，比較的高周波に適している。
	マイカコンデンサ	一般に小型で，比較的高周波に適している。
有極性	電解コンデンサ	大容量のものが作れるが，リーク電流が生じ，応答も遅い。
	タンタルコンデンサ	小型で大容量のものが作れ，リークも少ない。振動や衝撃に弱い。

抜粋を示す。

 CE：Al(非固体化)電解コンデンサ
 CA：Al固体電解コンデンサ
 CM：マイカコンデンサ
 CQ：プラスチックフィルムコンデンサ
 CF：メタライズドプラスチックフィルムコンデンサ
 CG：磁器コンデンサ
 CU：メタライズド複合フィルムコンデンサ
 CW：複合フィルムコンデンサ

2.2.2　コンデンサの静電容量

　図2·7にコンデンサの外観と図記号を示す。大型のものは，コンデンサ本体に耐電圧や静電容量が明示されている。コンデンサが小さく，本体に容量を明示できない場合は，図2·8のように抵抗のカラーコードと同様に2桁の真数と乗数を用い，pF(ピコファラド)の単位で静電容量を示す。コンデンサの静電容量は，通常pFやμF(マイクロファラド)で表すので，pFの単位への換算を必要とする場合もある。静電容量の許容差はアルファベットを用いて示す。

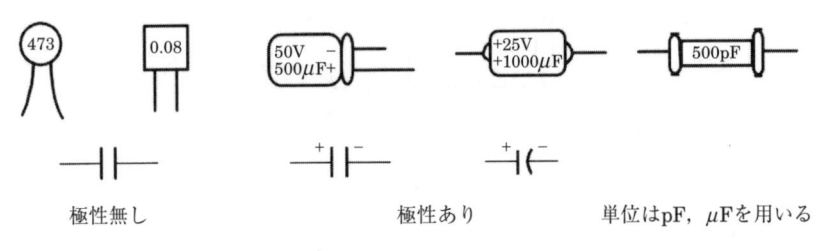

極性無し　　　　　極性あり　　　　単位はpF，μFを用いる

図2·7　コンデンサの外観と図記号

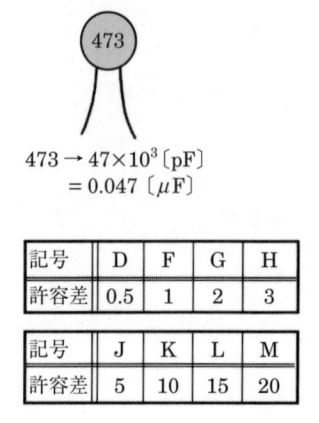

473 → 47×10³ [pF]
　　 = 0.047 [μF]

記号	D	F	G	H
許容差	0.5	1	2	3

記号	J	K	L	M
許容差	5	10	15	20

10^{-1}	d	デシ	10	da	デカ
10^{-1}	c	センチ	10^2	h	ヘクト
10^{-3}	m	ミリ	10^3	k	キロ
10^{-6}	m	マイクロ(ミクロ)	10^6	M	メガ
10^{-9}	n	ナノ	10^9	G	ギガ
10^{-12}	p	ピコ	10^{12}	T	テラ

10の累乗の接頭語

図2·8 コード表示のコンデンサと容量の許容差(%)

2.2.3 コンデンサの動作

　コンデンサの動作を図2·9に示す。回路中で図(a)のようにスイッチSWを上げれば電源電圧VがコンデンサCに加わる。Cが完全に**放電状態**（からっぽ）であれば，電流iがいっきに流れ込む。コンデンサの電荷が増加するに従って電流

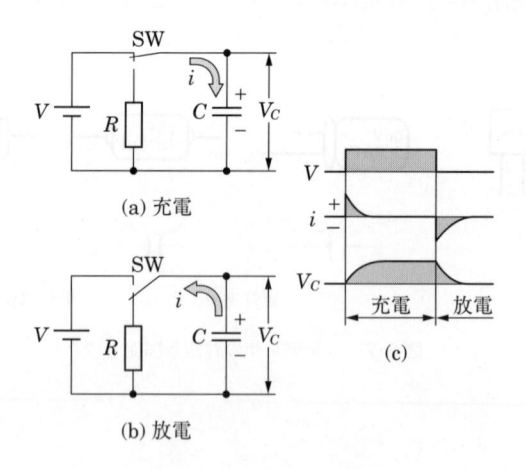

(a) 充電

(b) 放電

(c)　充電　放電

図2·9 コンデンサの動作

は減少し，完全に充電されると電流は流れなくなる。一方，コンデンサ両端の電圧 V_C は電源電圧 V が供給されてから緩慢に上昇しはじめ，十分な時間経過後に飽和し，電源電圧 V に等しい値となる。

次に，図(b)のようにSWを下げて抵抗とコンデンサを接続すると，コンデンサに貯えられた電荷はSWから抵抗へと流れ込む。電流の向きを考えれば，充電と逆であるから電流は−になる。これが**放電**である。

コンデンサが放電すれば，コンデンサ両端の電圧 V_C は低下してくる。そして電荷がなくなったとき，電流，電圧ともにゼロとなり元の空の状態に戻る。

以上のことから，コンデンサは次の動作をすることがわかる。

① 充電の最初には大きな電流を通過させる（微分動作）。
② 電荷が飽和すると電流を通さない（直流阻止）。
③ 充放電には時間遅れがある（積分動作）。
④ 当然のことながら電荷を貯えている。

2.2.4 コンデンサの応用例

レンズ付きフィルムのストロボ部分を分解すると，図2·10のように昇圧トランスと並んで乾電池ほどの電解コンデンサが実装されている。ストロボには必ず大容量の電解コンデンサが使われている。自動車のエンジンの点火系統も，トランジスタとコンデンサの組み合わせによる点火装置が使用されている。

図2·11には前述のコンデンサ動作①〜④に基づいて，本書で紹介する内容を主とした応用例を示す。

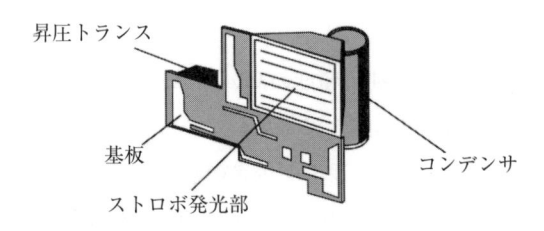

図2·10 レンズ付きフィルムのストロボ部分

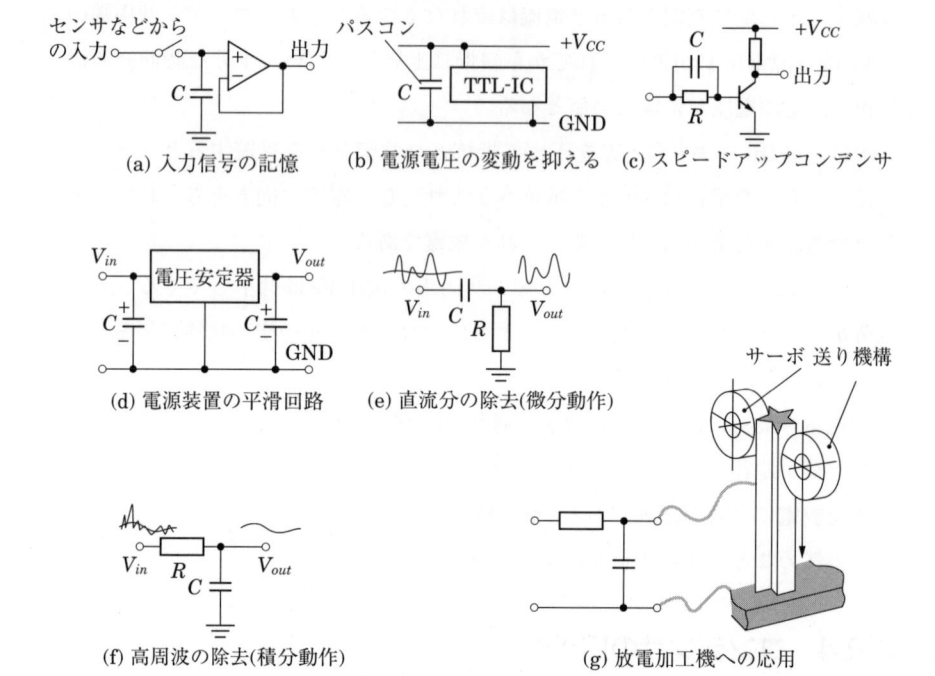

図2·11 コンデンサの応用例

(a) 入力信号の記憶
(b) 電源電圧の変動を抑える
(c) スピードアップコンデンサ
(d) 電源装置の平滑回路
(e) 直流分の除去(微分動作)
(f) 高周波の除去(積分動作)
(g) 放電加工機への応用

2.3 トランジスタ

トランジスタは微弱信号の増幅，高速度のスイッチングなどに必要不可欠な素子である。信号には音声などの**アナログ信号**とパルスなどの**ディジタル信号**があり，トランジスタは両者に重要な素子であるとともに，両者の仲介を行う素子でもある。

トランジスタを主体とした利用頻度の高い標準回路はIC化され，回路構成を簡素化するとともに，信頼性の向上に寄与している。しかし，大電流の制御や回路の自由度を求める場合には，トランジスタの活用技術が要求される。

図2·12に接合型トランジスタの図記号，図2·13に外観を示す。接合型トランジスタは，**ベース**(B)，**コレクタ**(C)および**エミッタ**(E)の3つの電極から構成

される。この電極の極性から**PNP型**，**NPN型**に分類され，各端子の電流の方向が決定される。トランジスタの型番号の例を図2・14に示す。ただし，低速用・高速用の分類はあまり厳密ではないようである。

(a) PNP型トランジスタ　　(b) NPN型トランジスタ

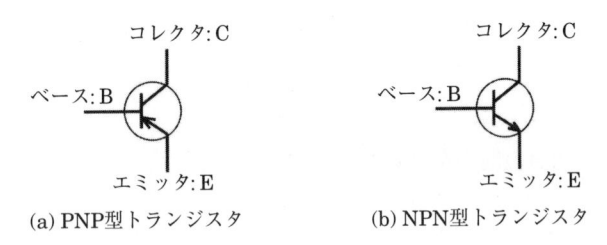

図2・12　接合型トランジスタの図記号

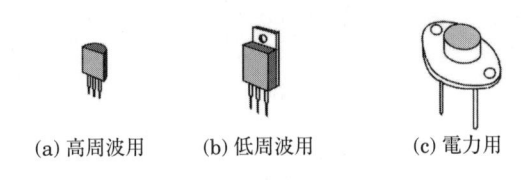

(a) 高周波用　(b) 低周波用　(c) 電力用

端子配置はトランジスタにより異なるので，
実装時には，資料で確認することが必要

図2・13　トランジスタの外観

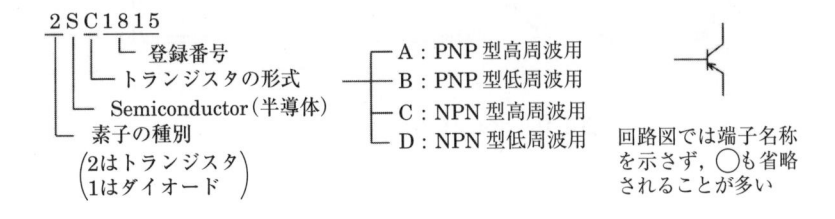

2SC1815
　└─ 登録番号
　└─ トランジスタの形式
　└─ Semiconductor（半導体）
　└─ 素子の種別
（2はトランジスタ
　1はダイオード）

A：PNP型高周波用
B：PNP型低周波用
C：NPN型高周波用
D：NPN型低周波用

回路図では端子名称を示さず，○も省略されることが多い

図2・14　トランジスタの型番号の例

2.3.1　増幅動作

トランジスタのおもな動作は**増幅**である。工学ではシステムの構成を考える場合，各機能をブロック単位の構成要素に置き換えて図示したものを**ブロック図**と呼び，本書でもたびたび登場する。マイク信号の増幅に関して，ブロック図を

考えてみる。マイクから入力された音声を増幅してスピーカを鳴らすという動作は図2·15(a)のようになり，これをブロック図で表すと図(b)のようになる。ここで**パワー源**（電源ともいう）という要素があるが，図(a)のアンプのコンセントに相当するもので，増幅動作にはこのパワー源が不可欠である。

次に図2·16において，増幅についてもう少し詳しく考えてみよう。

各要素の近くにある数字は，マイク：0.1，スピーカ：6，パワー源：10であり，この3つの数値の関係を見ると，

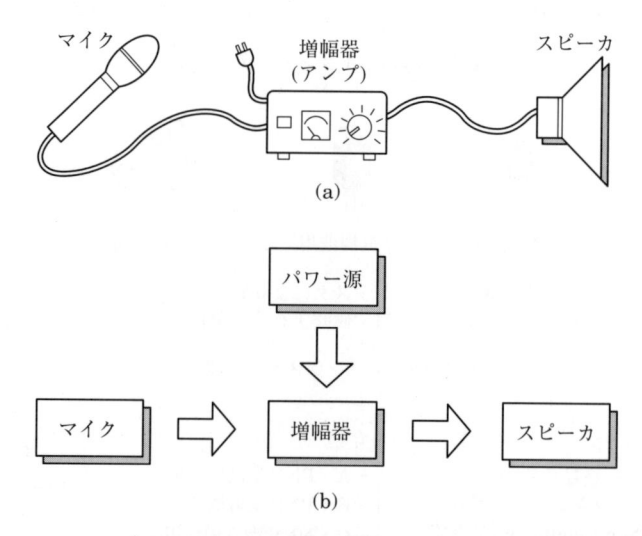

図2·15 マイク信号増幅のブロック図

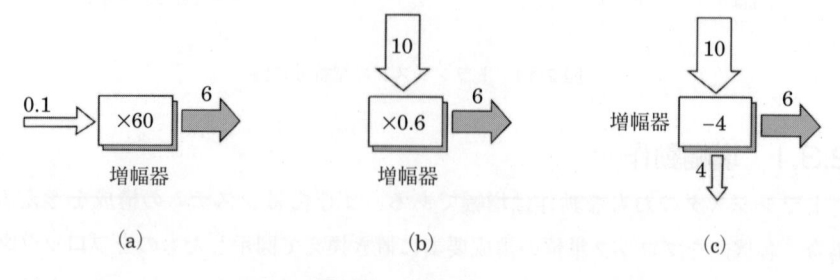

図2·16 増幅の考え方

① $0.1 \times 60 = 6$　　増幅器はマイクを60倍してスピーカに送る。
② $10 \times 0.6 = 6$　　増幅器はパワーを0.6倍してスピーカへ送る。
③ $10 - 4 = 6$　　　増幅器はパワーを4低下させてスピーカへ送る。

となる。出力W(ワット)を単位として考えてみると,

- 図(a)は「増幅器は(パワー源の10Wを借りて)マイク入力の0.1Wを60倍してスピーカへ送る。」
- 図(b)は「増幅器はパワー源の10Wのうちから必要とする6Wだけをスピーカへ送り出している。」
- 図(c)は「増幅器はパワー源のもつ10Wの出力のうち4Wを捨てて,スピーカへ6W送り出している。」

と考えられる。また,この増幅器からスピーカへ送ることのできる出力は,最大でも10Wを越えないことがわかる。初学者の大部分は増幅におけるパワー源の存在を忘れがちである。つまり,増幅とは「外部から供給されるパワーの範囲内で入出力の倍率を調節して送り出す動作」なのである。

トランジスタはこれらのそれぞれの入出力を確保するために,図2·12に示すベース(B),コレクタ(C),エミッタ(E)の3本の端子を備えているのである。

2.3.2　トランジスタの増幅動作

ここでは,トランジスタによる増幅について考えていく。まず,3本の端子の使い方である。PNPとNPNでは同じ名称の端子でも電流の向きが異なり,PNPとNPNの図記号の区別は,「トランジスタはエミッタの矢印で見分ける」と覚える。

図2·17を見ると,どうやら「コレクタとエミッタの間で"強い電流I_{ce}"が流れ,ベースとエミッタの間に"弱い電流I_{be}"が流れている。そして,エミッタの矢印でそれぞれの電流の向きが決められている」という感じである。これを専門書では「ベース電流でコレクタ・エミッタ間電流を**増幅度**h_{FE}**倍で増幅する**」と表現する。

トランジスタの動作は**電流増幅**と覚えてほしい。ところで,電気には**直流**

増幅電流：$I_{ce} = h_{FE} \cdot I_{be}$
（h_{FE}：電流増幅度）

電流の向きを示す

スイッチング

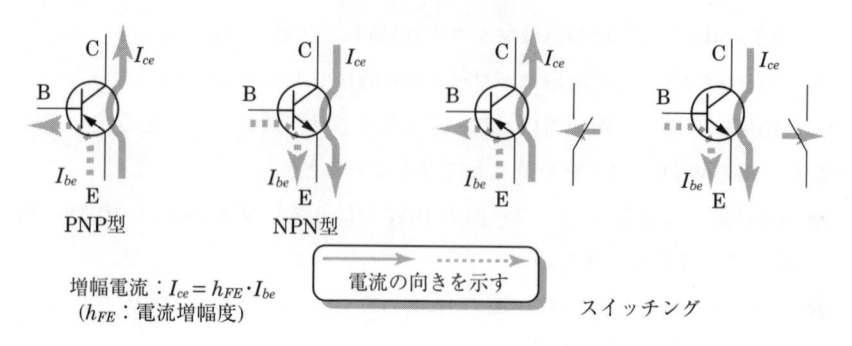

図 2・17 増幅動作とスイッチング動作

（DC）と**交流**（AC）がある。トランジスタは両者ともに動作する要素であるが，直流を例として考えれば，これまでの説明からB，C，E各端子の接続は図 2・18 のようになることがわかる。

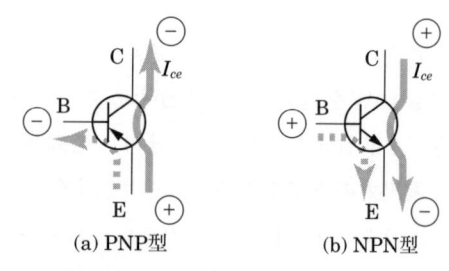

(a) PNP型　　(b) NPN型

図 2・18 トランジスタの各端子の使い方

2.3.3 トランジスタのスイッチング動作

トランジスタによる増幅については前述したが，トランジスタによるスイッチング動作とは何だろうか？図 2・19 を見てほしい。

図 2・18 と図 2・19 の両図から，「ベースに流れる電流とコレクタ・エミッタ間の電流が比例せずにスイッチを ON／OFF するような出力を生む動作」ということがわかる。これを**スイッチング動作**という。

入力

増幅出力

スイッチング出力

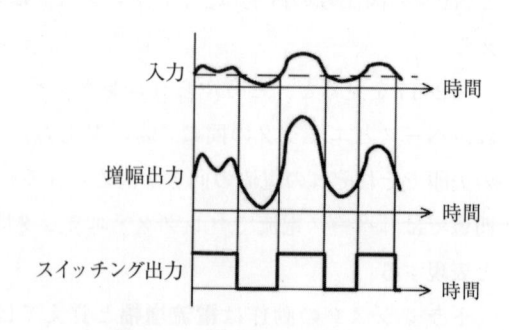

時間

図 2・19 増幅とスイッチング

2.3.4 トランジスタの使い方

トランジスタの一般的な用途としては，次のようなものがあり，図2·20にトランジスタと負荷（Load）の接続例を示す．

- ● **増幅用**　　　：微小なベース電流で大きなコレクタ電流を制御する使い方．
- ● **スイッチング用**：ベース電流でコレクタ電流をON／OFFするディジタル的な使い方．
- ● **発振用**　　　：おもにコンデンサの充放電と組み合わせて信号の発振に用いる．

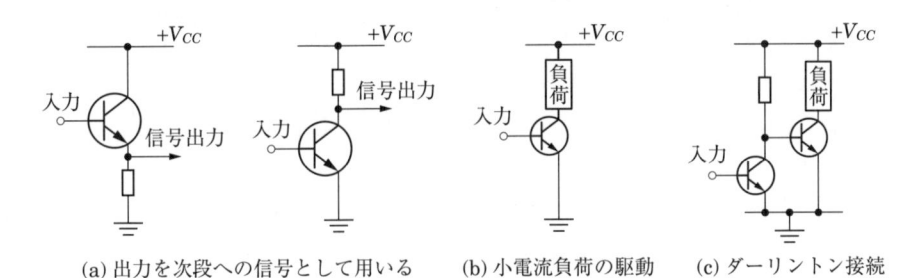

(a) 出力を次段への信号として用いる　(b) 小電流負荷の駆動　(c) ダーリントン接続

図2·20　負荷の接続方法

図2·21に実体配線図から回路を描く過程を示す．この回路は，**CdS**（シーディーエス）という光検出要素の両端の電圧をベースに与え，モータを制御する回路の例である．CdSについては後述するが，光を受けると抵抗値の低くなる素子である．ここでは図面が簡略化されていく様子を理解してほしい．図2·21(a)の実体配線図は図(b)のような回路図で表すことができる．しかし，複雑な回路になると簡潔に描くことができなくなるので，回路図を図(c)のように表す．ここで電源が省略され，－線が**GND**（グランド）（アース）になり，トランジスタの外形を示す外丸が省略されている．

次に図2·22を見ると，NPN型トランジスタのベースに抵抗R_bが入っている．図2·21でも同じ箇所に抵抗が入っていたが，これを**ベース抵抗**と呼び，ベースに流れ込む（PNP型の場合は流れ出る）電流を制限するためのものである．それでは図2·23の例を考えてみよう．

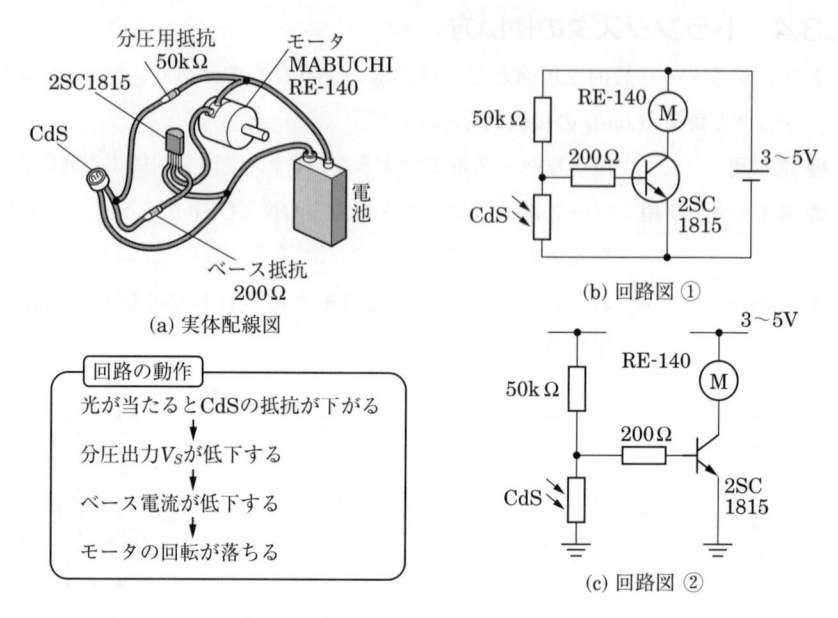

図 2・21 実体配線図から回路図へ

(a) 実体配線図

回路の動作
光が当たるとCdSの抵抗が下がる
↓
分圧出力V_Sが低下する
↓
ベース電流が低下する
↓
モータの回転が落ちる

(b) 回路図 ①

(c) 回路図 ②

NPN型トランジスタにおいてベース電流i_bが与えられれば，コレクタからエミッタへ電流i_cが流れる．抵抗Rに電流i_cとほぼ同じ電流が流れるので抵抗Rの両端には電位差$e_1 = i_c \cdot R$が生じる．

図 2・22 ベース抵抗R_b

(a) エミッタホロワ

(b) コレクタホロワ

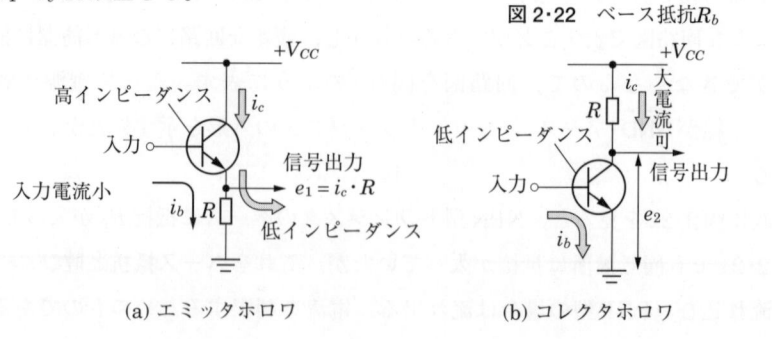

図 2・23 エミッタホロワとコレクタホロワ

e_1 は抵抗 R の電源側に接しているので，トランジスタが ON のとき "1"，OFF のとき "0" となり，入力信号と同相（非反転）の出力となる。この接続を**エミッタホロワ**と呼ぶ。e_2 は抵抗 R の GND 側に接続されているので，トランジスタが OFF のときに出力が "1"，ON のとき "0" となり，入力と逆相（反転）の出力になる。この接続を**コレクタホロワ**と呼ぶ。図 2·24 に反転・非反転の様子を示す。

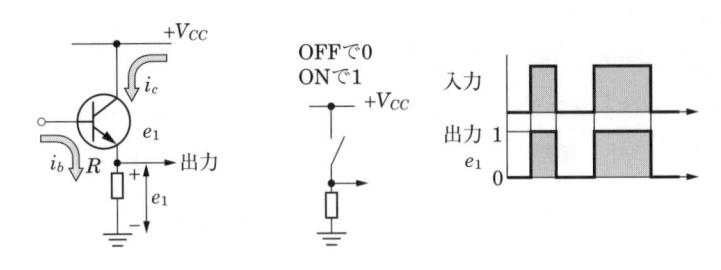

(a) エミッタホロワ(コレクタ接地)

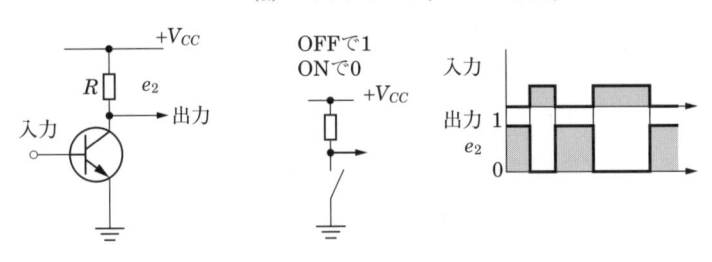

(b) コレクタホロワ(エミッタ接地)

図 2·24　トランジスタのスイッチング入出力特性

増幅作用の説明，図 2·17 にあった電流増幅度 h_{FE} は一般に，

$$h_{FE} = \frac{コレクタ電流}{ベース電流} = \frac{I_{ce}}{I_{be}}$$

で表され，市販のトランジスタではおよそ 100～1000 程の値をもつ。

図 2·23(a) ではベース・エミッタ間に抵抗 R のおよそ h_{FE} 倍の大変大きな抵抗成分（これを**インピーダンス**という）を生じる。これはベース端子のインピーダンスが非常に高いことにより，ベース電流がほとんど流れない。一方，抵抗 R の上端とコレクタの間には抵抗成分がないため，出力インピーダンスは低くなり，

供給電源からの電流は，抵抗成分の少ない外部へと流れる．その結果，コレクタから負荷抵抗 R に大電流を供給することができなくなる．図(b)ではベースとエミッタの間には何もないので，入力インピーダンスが低いといえる．ベースに十分な電流が流れ込むことによって，負荷にも大きなコレクタ電流が流れることになる．

　一般的に，微弱信号の処理にはエミッタホロワ，モータなどの電力負荷は，コレクタ負荷とするようにしている．

　図 2·25(b) はトランジスタを 2 段接続することにより，電流増幅率を高めるもので，**ダーリントン接続**と呼ぶ．素子としてパッケージ化され，市販されている．

(a) コレクタ負荷駆動　　　(b) ダーリントン接続

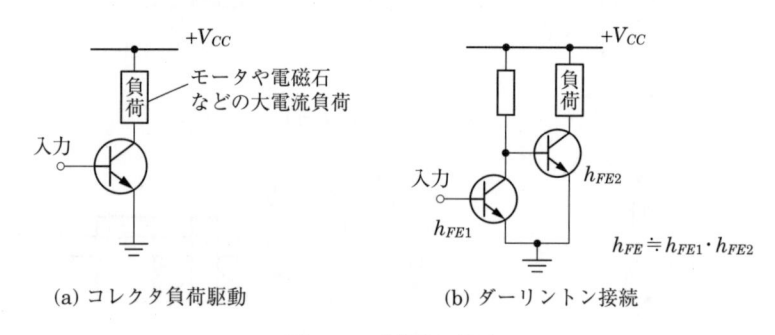

$h_{FE} \fallingdotseq h_{FE1} \cdot h_{FE2}$

図 2·25　高負荷の接続

2.4　その他の素子

　アナログ回路，ディジタル回路を問わず，回路を構成する素子は多種に及ぶ．この節では，前述の素子以外に用いられる汎用部品のいくつかについて考えてみる．

2.4.1　ダイオード

　電気現象の例えとして，第 1 章でも"水"を引き合いに出した．水の流量が電流，水圧が電圧，貯水量が静電容量であった．そうすれば，蛇口は可変抵抗，水道管は電線として考えられる．

2.4 その他の素子

これを図示したものが図2・26である。ここでポンプは常に稼動しているわけではないので，ポンプの停止中に水が逆流しては困る。そこで逆止弁を用いて水の逆流を妨ぐ。逆止弁は出入口のドアのように，片側にしか作動しないメカニズムを考えればよい（両方向可動のものは，ここでは考えない）。

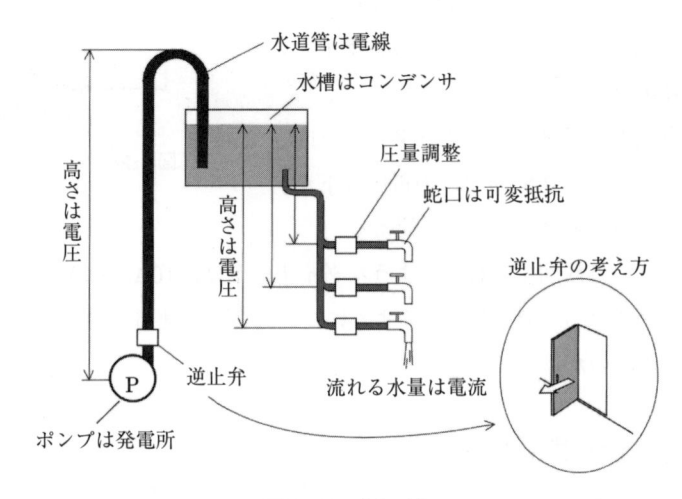

図2・26 水と電気

電流・信号においてもこれと同じように，流れや伝達の向きに方向性をもたせたい場合がある。そのようなときに使用するのが**ダイオード**である。

ダイオードは，電流や信号に方向性を与える素子として，信号処理回路や論理動作回路に広く用いられている。図2・27にダイオードの図記号と外観を示す。ダイオードは半導体部品のなかで，最も基本的な構造をもった要素部品である。

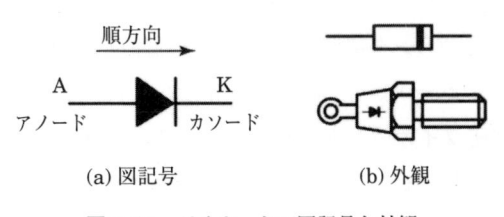

図2・27 ダイオードの図記号と外観

動作は順方向の電流を通過させ，逆方向の電流を阻止するというもので，整流やスイッチングには欠かせない部品である。外部端子は**アノード**（陽極）：Aと**カソード**（陰極）：Kの2つである。図2・28は整流用ダイオードの入出力特性である。0.6～0.7V付近で急激に順方向電流を通過させるが，この値は全てのシリコン半導体素子のもつ電圧降下である。

これを利用してn個のダイオードを順方向に直列接続すると約$0.6 \times n$〔V〕の電圧降下が作れる。電圧の微調整に効果的に使える。

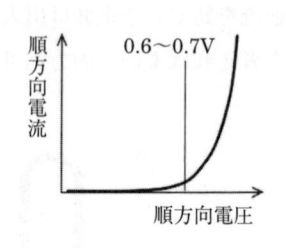

図2・28 順方向特性

図2・27(b)の外観図で，ねじのようなダイオードは，10A，15Aといった大電流に用いるダイオードである。このように，電流容量や使用目的により様々な大きさ，形状のものが市販されている。

2.4.2 ツェナダイオード

整流用ダイオードに許容値を越える逆方向電圧を加えると，急激に逆電流が流れ破壊されてしまう。これを**降伏現象**あるいは**ブレークダウン**と呼ぶ。ダイオードが逆電圧に耐えられなくなってしまうわけである。このときの電圧を**降伏電圧**と呼ぶ。**ツェナダイオード**は，この現象を低い電圧で作り出すと同時にブレークダウンによって破壊されない再現性のある入出力特性をもったダイオードである。

ツェナダイオードはブレークダウンしても降伏現象（ダイオードの破壊）を生じないので，このときの電圧を降伏電圧ではなく**ツェナ電圧**と呼んでいる。ツェナダイオードのブレークダウンを積極的に利用した動作を**ツェナ効果**と呼んでいる。

ツェナダイオードはこのような特性を利用して，主として定電圧回路などに用いられるので**定電圧ダイオード**とも呼ばれている。図2・29にツェナダイオードの図記号と特性を示す。また，図2・30にツェナダイオードの使用法を示す。

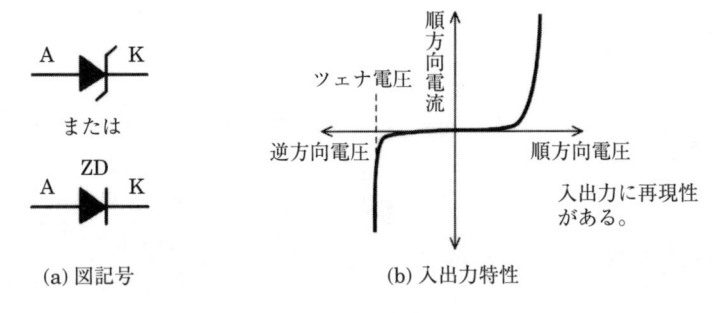

図 2・29　ツェナダイオードの図記号と入出力特性

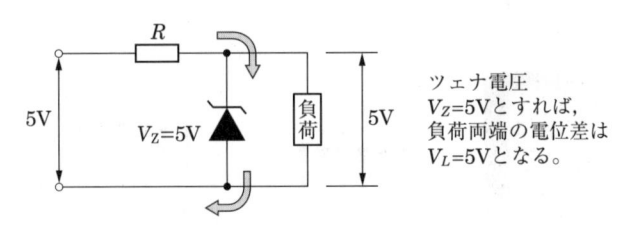

図 2・30　ツェナダイオードの使い方

2.4.3　発光ダイオード

　ある種のダイオードには，順方向に電流を流すことにより発光するものがある。これらは，**発光ダイオード**または**LED**と呼ばれている。消費電力が極めて小さく，応答が速く耐久性も高いので，小型の表示装置に用いられている。形状も，デザインの凝ったものから非常に小さなものまで，また使用目的に合わせて複数の素子をパッケージ化したものや，数字や文字表示用のものなど多種多様である。変わったところでは1つの発光部の中に2色の組み合わせをもっていたり，電流を与えるだけで自己点滅するものなどがある。光の3原色であるR(赤)，G(緑)，B(青)を組み合わせ，フルカラーの表示が可能なLEDもある。

　逆電流は阻止するが，順方向電流に対しては，内部抵抗が極めて小さいために**保護抵抗**で順方向電流を10～15mAに制限することが必要である。図2・31に

LEDの図記号と使用法を示す。図2・32はLEDを組み合わせたもので、一般に7セグメントLEDという。

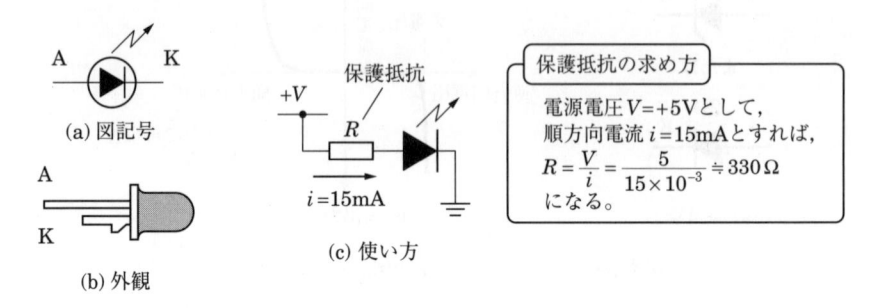

保護抵抗の求め方

電源電圧$V=+5V$として、順方向電流$i=15mA$とすれば、
$$R = \frac{V}{i} = \frac{5}{15 \times 10^{-3}} \fallingdotseq 330\Omega$$
になる。

(a) 図記号
(b) 外観
(c) 使い方

図2・31　LEDの図記号と外観および使い方

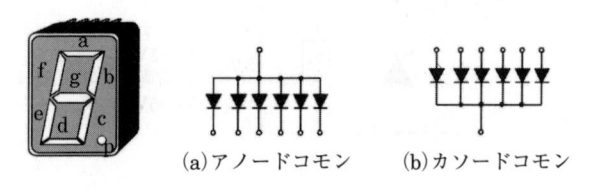

(a) アノードコモン
(b) カソードコモン

図2・32　7セグメントLED（ポイント付き）

2.4.4　フォトダイオード・フォトトランジスタ

前述のLEDは、電流を流すことにより発光する**発光素子**である。その逆に、光を受けることにより電気的特性が大きく変化するものを**受光素子**という。発光素子と併せて、これらの素子を**光電素子**と呼ぶ。

フォトダイオードは、通常は絶縁体であるが、受光部に光を受けるとダイオードと同様の動作をとり、順方向電流を通過させる。

フォトトランジスタは、受光部がベースの役目をして光を受けることにより、トランジスタと同様の動作を行うものである。

両者ともに、わずかな光の変化に対しても高速で鋭敏な出力変化特性をもつため、非常に広い範囲に活用されている。図記号は図2・33(b)に示すように、受光動作を示す矢印あるいは、短縮アルファベットなどを付加したものである。

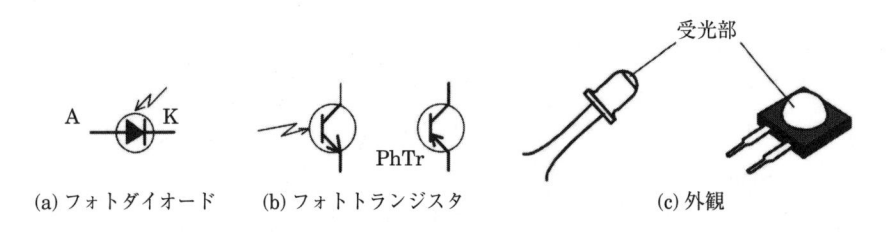

(a) フォトダイオード　　(b) フォトトランジスタ　　(c) 外観

図2・33　フォトダイオードとフォトトランジスタの図記号と外観

2.4.5　CdS

CdSは，Cd（カドミウム）とS（硫黄）の化合物（硫化カドミウム）である。この化合物のなかには光によって著しく電気抵抗特性の変化するものがあるので，特性の優れたものを光電素子として利用したものがCdSと呼ばれている。

フォトトランジスタ，フォトダイオードに比べて動作範囲は広いが，応答性が低いため，瞬時の変化を追うような用途には適していない。また，経年変化も無視できないので，メンテナンス性のよいシステム構成を考えることが必要となる。しかし，広い測定範囲にわたって安定した動作を行うため，光量の測定に広く活用されている。図2・21で説明したように，抵抗分圧やブリッジ回路で構成するのが一般的である。図2・34，2・35にCdSの図記号と使用法を示す。

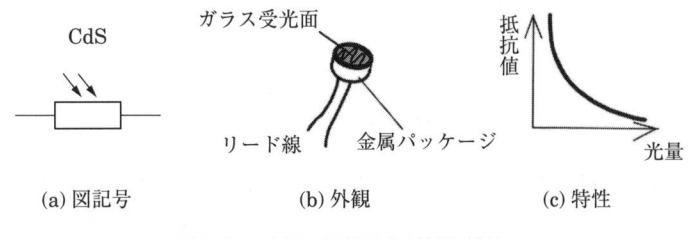

(a) 図記号　　(b) 外観　　(c) 特性

図2・34　CdSの図記号と外観と特性

(a) 抵抗分圧

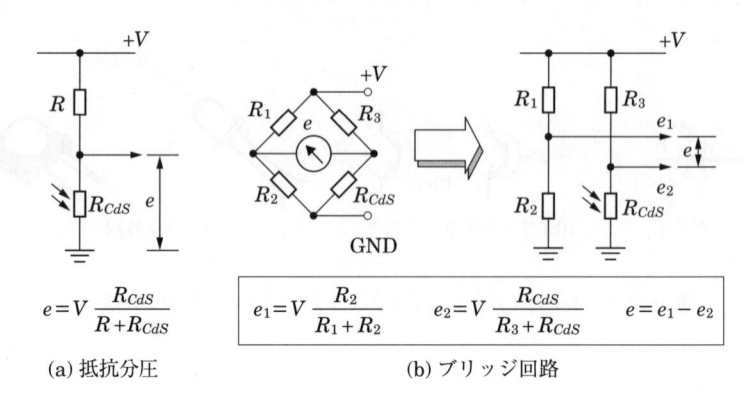

$$e = V \frac{R_{CdS}}{R + R_{CdS}}$$

(b) ブリッジ回路

$$e_1 = V \frac{R_2}{R_1 + R_2} \qquad e_2 = V \frac{R_{CdS}}{R_3 + R_{CdS}} \qquad e = e_1 - e_2$$

図 2·35　抵抗分圧とブリッジ回路

2.4.6　サイリスタ，トライアック

　電力制御用の半導体スイッチに**サイリスタ**，**トライアック**などがある。サイリスタの種類，動作は非常に多く，図 2·36 (a) に示すように様々な呼称をもつ。形状や大きさはトランジスタやダイオードなどと同じであり，外形からは判別できないので，名称や型番により判別する。

サイリスタ
├ 直流用 ── サイリスタ
│　　　　　感熱サイリスタ
│　　　　　光サイリスタ
│　　　　　PUT, GTO, SCS
│　　　　　ショックレーダイオード
└ 交流用 ── トライアック
　　　　　　サイダック (SSS)

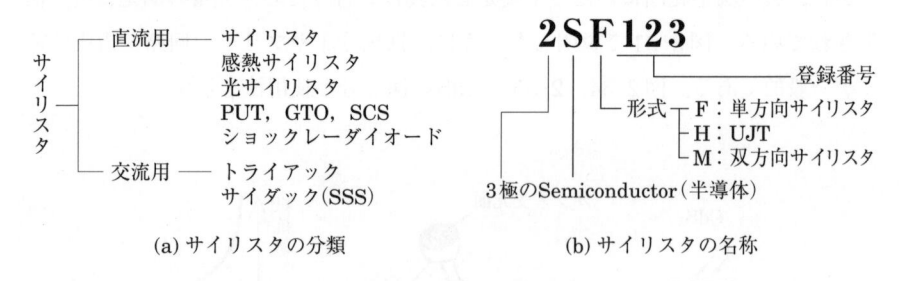

(a) サイリスタの分類

2SF123

- 登録番号
- 形式 ── F：単方向サイリスタ
　　　　　H：UJT
　　　　　M：双方向サイリスタ
- 3極のSemiconductor（半導体）

(b) サイリスタの名称

図 2·36　サイリスタ

　図 2·37 にこれらの図記号を示す。ダイオードの記号に**ゲート：G**という"リード線"が付いたものとなっている。サイリスタ，PUT では，アノードからカソードへ，トライアックでは，T_1，T_2 間に電流を流すための"門"を開けるための命令を与える線と考える。このような役割をする線を**制御信号線**という。

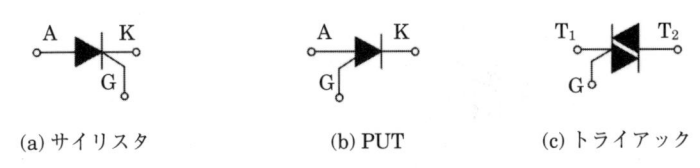

(a) サイリスタ　　　(b) PUT　　　(c) トライアック

図 2·37　サイリスタ, トライアックの図記号

　図 2·38 にサイリスタの基本特性を示す。サイリスタはゲート信号を受けるとスイッチが ON になり，ゲート信号が遮断された後も，供給電圧がゼロになるまで ON の状態を続ける。ゲートに与える信号を**トリガ**と呼び，トリガが切れた後も，自分自身を流れる電流で通電状態を保持する。この動作を**自己保持**と呼ぶ。サイリスタは直流分のみをスイッチングするので，図の2つ目のトリガ（供給電圧が逆電圧）では出力は得られない。

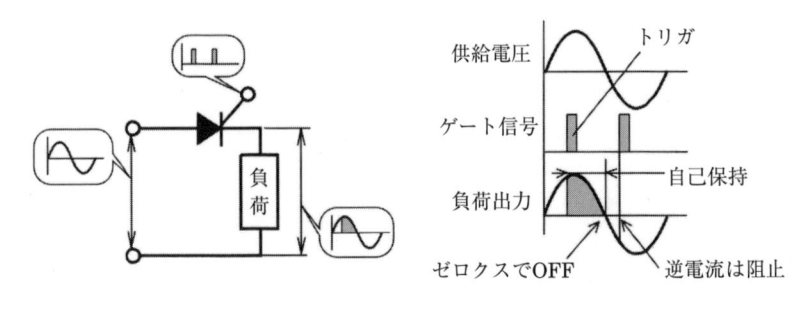

図 2·38　サイリスタの動作特性

　図 2·39 にトライアックの入出力特性を示す。サイリスタが単方向スイッチング素子であるのに対して，トライアックは双方向のスイッチング素子である。ゲートトリガや自己保持動作はまったく変わらない。2つのサイリスタを向かい合わせに接続したようなものと考えられる。トライアックの T_1，T_2 端子は，ゲート側を T_1 端子としている。

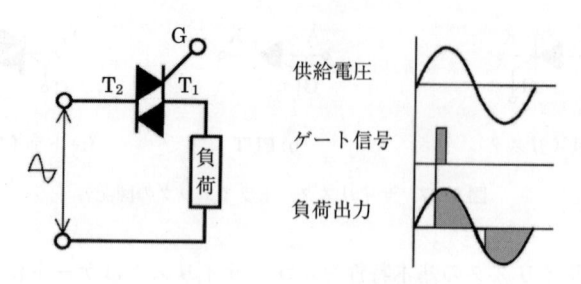

図 2・39 トライアックの特性

第3章　アナログ回路の基本素子

　アナログ回路の設計・製作には，いろいろな定数の設定や各種の回路計算に加えて幅広い知識と経験が要求される。このように難解で，迷宮のような回路網を探索するときに，天からの「蜘蛛の糸」のようにさえ感じられる有用な部品がある。
　この章ではそれらのなかから，オペアンプとA／D・D／A変換器を考えてみる。オペアンプは演算増幅器と呼ばれるアナログ電圧増幅回路で，20～30個のトランジスタなどの要素を組み合わせて，IC化したものである。本来のアナログ的使用法のみでなく，アナログ信号とディジタル信号のインタフェースとしても活用できる利用範囲の広い要素である。

3.1　オペアンプ

　オペアンプ（Operational Amplifier）は**演算増幅器**とも呼ばれる。これはアナログコンピュータ（現在のコンピュータはディジタルコンピュータという）という科学技術計算をする演算回路に使われたことから，この名前が使われている。その名の示すとおり，アナログ信号・リニヤ信号の演算・増幅などを得意とする。第2章のトランジスタも増幅要素であったが，どこが違うかというと，トランジスタは主として電流増幅であったが，オペアンプは主として**電圧増幅**を行う要素である。図3・1にオペアンプの外観を示す。

3.1.1　オペアンプの理想特性

　まずはオペアンプの理想的な特性について知っておこう。ここでは新しい用語がいくつか出てくるが，詳細な解説は省略する。

図3·1　各種オペアンプの外観

① 電圧利得が無限大に近いほうがよい。
● **電圧利得**　オペアンプ本体の**電圧増幅度**(**倍率**)をいう。市販品で10^4〜10^8程度である。オペアンプの電圧利得がどれほど大きくても，電源電圧以上の出力を出せないことは増幅動作の項で説明したとおりである。

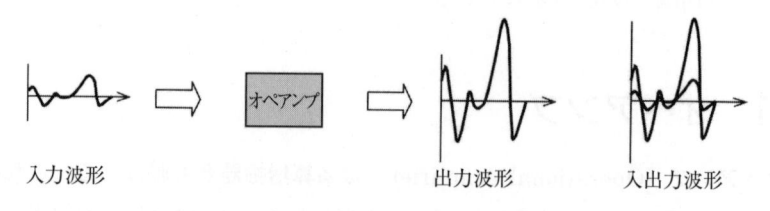

図3·2　入出力を1枚の図面に重ねると

② 入力インピーダンスが無限大に近いほうがよい。
● **入力インピーダンス：Z_i**　トランジスタのところで解説しただが，入力端子からIC内部を見た場合の電気的内部抵抗成分のことである。この値が大きいほど入力電流が小さいわけであるから，信号源に対する入力電流消費による電圧降下などの影響を小さくできることになる（図3·3(a)）。
③ 出力インピーダンスがゼロに近いほうがよい。
● **出力インピーダンス：Z_o**　出力端子の電気的内部抵抗成分である。オペアンプ出力は他の回路の信号源となることが多いので，この値が小さいほど安定した高い電流を外部へ供給することができる（図3·3(b)）。

(a) 入力インピーダンス　　(b) 出力インピーダンス

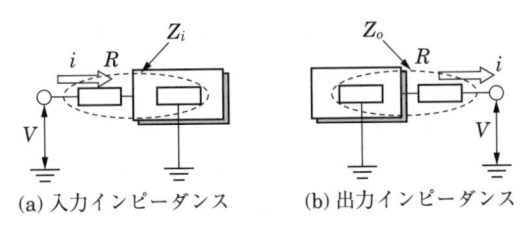

図3·3　入力インピーダンスと出力インピーダンス

④　入力オフセット電圧がゼロであること。

● **入力オフセット電圧**　オフセットとは"ズレ"のことである。本来は出力があってはならないときに，わずかに出力される電圧のことをいう。これは当然ないほうがよいのである（図3·4）。

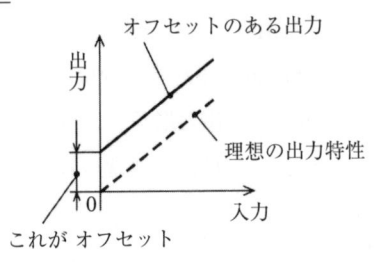

図3·4　入力オフセット

3.1.2　オペアンプの図記号と接続端子

図3·5にオペアンプの図記号と代表的なLM741のピン接続図を示す。

(a) 図記号　　(b) LM741のピン接続図

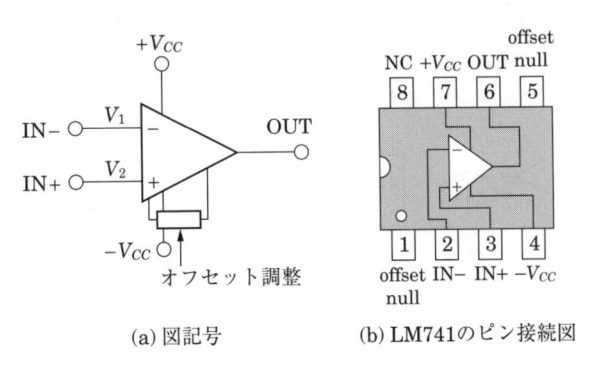

図3·5　オペアンプ図記号とピン接続図

まず，外枠の三角形であるが，これはオペアンプに限らず，アナログIC，リニヤIC全般に共通して用いるパッケージを表す記号とである。図(a)の接続線について使い方を考えてみよう。

① V_1：反転入力端子，V_2：非反転入力端子
　　オペアンプの電圧増幅度をAとすれば，オペアンプは，この入力電圧の差(V_2-V_1)をA倍してA (V_2-V_1)を電圧出力する。

② $+V_{CC}$：プラス電源端子，$-V_{CC}$：マイナス電源端子
　　オペアンプは基本的に正負の両電源で駆動される。

③   ZERO：ゼロ点調整
　　offset null（オフセット ヌル）端子と呼ばれる。入力オフセットの調整に使用する。

④   OUT：出力端子。

オペアンプICは，通常のICパッケージに集積されており，外見では性能の判別はできない。ハンドブックやメーカーの規格表に図記号や外部接続端子図が記載されているので参考にするとよい。

3.1.3 オペアンプの基本動作

図3・6にオペアンプの基本動作を示す。

実際のオペアンプの電圧利得は$10^4 \sim 10^8$ (80dB（デシベル）～平均的には100dB)と，非常に大きな値をもっている。ここでは，増幅の基本を知る意味で電圧増幅度$A=10$というオペアンプがあるものとして考える。

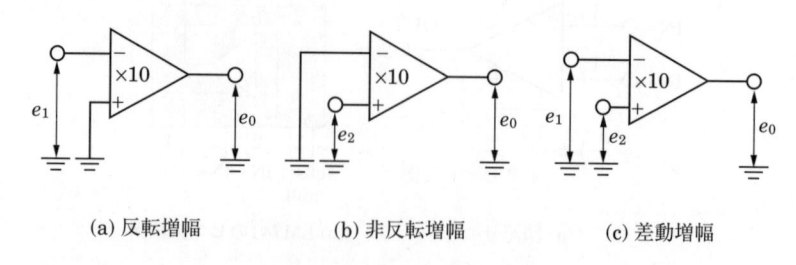

     (a) 反転増幅　　　　　(b) 非反転増幅　　　　(c) 差動増幅

図3・6　オペアンプの基本動作

オペアンプの出力 e_0 は前述したが，

$$e_0 = (非反転入力電圧 - 反転入力電圧) \times 電圧増幅度$$

であった。これより図3・6の出力は次のようになる。

● 図(a)は反転入力端子に e_1 が与えられているので，

$$e_0 = (-1) \times e_1 \times A = -10e_1$$

● 図(b)は非反転入力端子に e_2 が与えられているので，

$$e_0 = e_2 \times A = 10e_2$$

● 図(c)は2つの入力端子にそれぞれ，e_1，e_2 が与えられているので，

$$e_0 = (e_1 - e_2) \times A = 10(e_2 - e_1)$$

したがって，図(a)は入力を"＋"から"－"へ反転して増幅しているので**反転増幅**，図(b)は入力の極性を変えずに増幅しているので**非反転増幅**，図(c)は入力電圧の差を求めて増幅しているので**差動増幅**と呼ぶ。

3.1.4　オペアンプの接続例

　理想的なオペアンプの電圧利得（増幅度）は無限大であった。市販オペアンプの電圧利得は無限大とまではいかないが，それにちかい程度の値を実現している。

　実際にオペアンプを使用する場合には，この電圧利得を調整して必要とする増幅度を作り出さなくてはならない。増幅度の調整は，図3・7(a)のようにオペアンプに2本の抵抗を接続し，この値を変えることにより行うことができる。図3・8にオペアンプの接続例を示す。

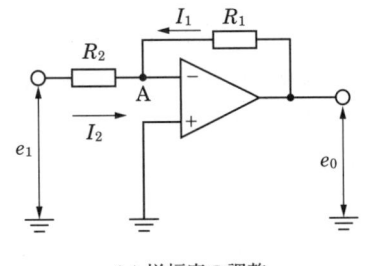

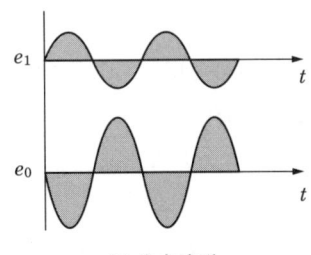

(a) 増幅度の調整　　　　　(b) 出力波形

図3・7　増幅度の調整と出力波形（負帰還反転増幅）

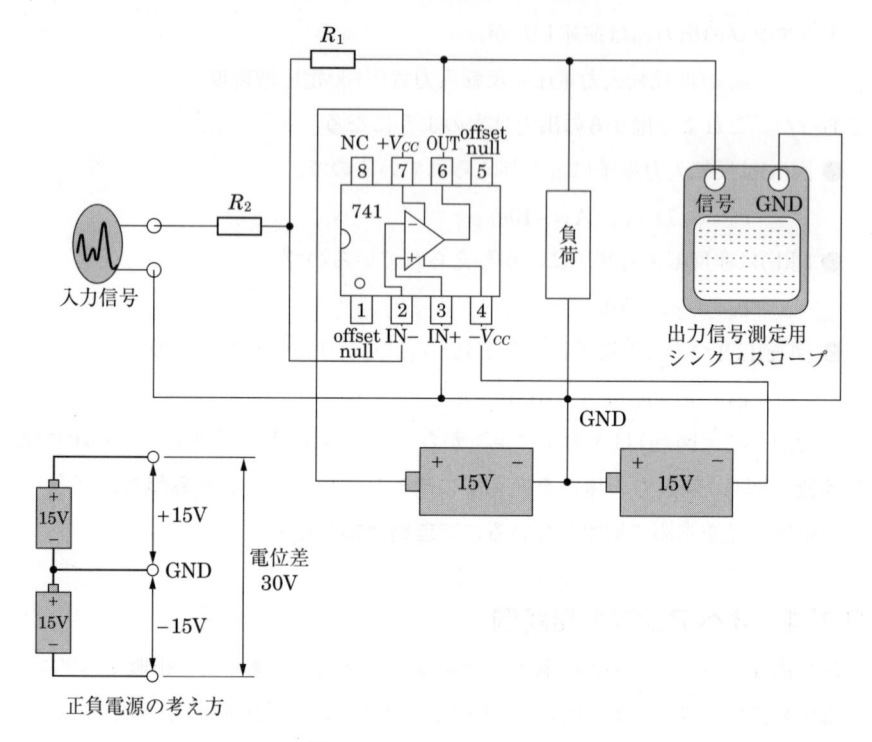

図 3・8 オペアンプの接続例

3.1.5 負帰還増幅 (negative feedback amplifier)

[1] 負帰還反転増幅

図3・8の接続例は，出力を反転入力端子に接続しているので負帰還，入出力が反転されるので反転，両者を併せて**負帰還反転増幅回路**と呼ばれる回路である。

図3・7において，

① $e_0=0$のとき，e_1に正の入力を与えると，$A=\infty$であるから，$e_0=-\infty$になる。

② e_0がA点に接続されているから，A点電位$e_A=e_1+e_0=e_1-\infty$となって，反転入力端子の電位は瞬時に減少する。

③ その結果$e_A=0$となり，出力$e_0=0\cdot\infty=0$となって，①へ戻る。

このように考えると，A点の電位e_Aは常に見掛け上は，ゼロとなる。さらに，入力インピーダンス$=\infty$から，A点に流れ込む電流の総和は，$I_2+I_1=0$と考えられる。ここで，$I_2=e_1/R_2$, $I_1=e_0/R_1$であるから，

$$\frac{e_1}{R_2}+\frac{e_0}{R_1}=0$$

$$\therefore \quad \frac{e_0}{e_1}=-\frac{R_1}{R_2}=A_f \quad \text{（増幅度）}$$

となる。よってこの回路は，入出力が反転するので負帰還反転増幅回路であり，A_fは出力／入力であるから，オペアンプの倍率となる。

この章のはじめにオペアンプの倍率は電圧利得で，無限大に近いほうがよいと説明した。"電圧利得"とはオペアンプ本体の倍率であるから，上式で求めた倍率A_fは「オペアンプ・抵抗回路の倍率」というべきかもしれない。これでは長すぎるので，電圧利得と区別する意味でオペアンプの**増幅率**と呼ぶことにする。このように，このオペアンプ増幅回路においては，部品個々の電圧利得(∞)を考えることなく，たった2本の外部抵抗で増幅率が決定されることになった。

ただし，この結果を導きだす前提には，"$e_A=0$"という条件があった。電圧が加わっているのに"ゼロ"は矛盾しそうである。ここで，「オペアンプは，2つの入力端子の電位差を常にゼロになるよう動作している。電位差＝ゼロはすなわちショートである」と，かなり大胆な"公理"を作ってみた。

するとどうだろうか。非反転入力端子はGNDに接しているからGNDと同電位，すなわち電位は完全にゼロである。

次に，「反転入力端子は非反転入力端子とショートしている」としたのであるから，2つの端子の電位差＝"ゼロ"。すなわち反転入力端子とGNDは同電位になって，これからA点の電位＝"ゼロ"が成立する。仮定と結論に矛盾がないのであるから，この仮定は正しいと認められる。これをオペアンプ動作の特徴として，**仮想短絡**(**イマジナリショート**：imaginary short)，**仮想接地**(**イマジナリアース**：imaginary earth)という。図3・9はイマジナリショートを示している。

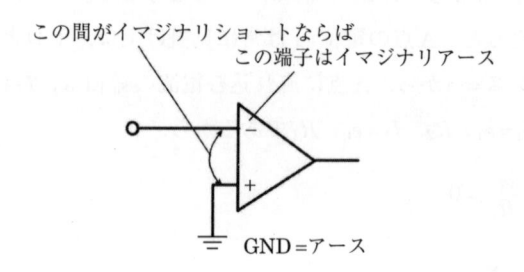

図3・9 イマジナリショートとイマジナリアース

[2] 負帰還非反転増幅回路

次に，図3・10(a)の回路を考えてみる．図3・7(a)の回路と比べると抵抗の位置が異なっている．

(a) 負帰還非反転増幅回路

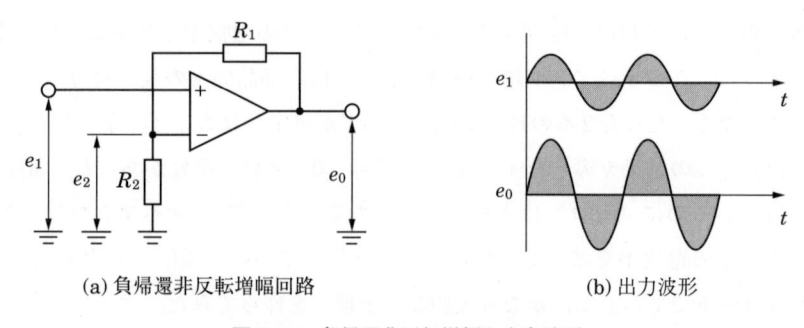

(b) 出力波形

図3・10 負帰還非反転増幅と出力波形

この回路において，オペアンプの電圧利得をAとすると，図3・6(c)に示す差動増幅であるから，

$$e_0 = (e_1 - e_2) \cdot A \quad \cdots \cdots (1)$$

ここでe_2は，出力電圧e_0を抵抗R_1，R_2で分圧した値をとるので，

$$e_2 = e_0 \frac{R_2}{R_1 + R_2} \quad \cdots \cdots (2)$$

3.1 オペアンプ

式 (1), (2) から,

$$\therefore \frac{e_0}{e_1} = \frac{A}{1 + \frac{R_2}{R_1 + R_2} A}$$

$A = \infty$ から $1 \ll (R_2 / R_1 + R_2) \cdot A$

$$\frac{e_0}{e_1} = \frac{A}{\frac{A \cdot R_2}{R_1 + R_2}} = \frac{R_1 + R_2}{R_2} = 1 + \frac{R_1}{R_2} \quad \cdots\cdots (3)$$

となって，この回路も電圧増幅度 A が消去され，抵抗値だけで増幅度が決定できる。この回路の出力は，図(b)のように同相になるので，**負帰還非反転増幅回路**と呼ばれる。

以上のことから「オペアンプ負帰還増幅回路の増幅度は2本の外付け抵抗だけで決定できる」といえる。

3.1.6　正帰還増幅 (positive feedback amplifier)

前項で，出力を反転入力端子に帰還させると，オペアンプの電圧利得に無関係となり，2本の抵抗だけで増幅度を設定できることがわかった。それでは，図3・11のように非反転入力端子へ帰還をかけると，どうなるだろうか。

① $e_1 - e_2 + \Delta e$ の微小電圧変化があった場合，回路はどのような動作をするだろうか？

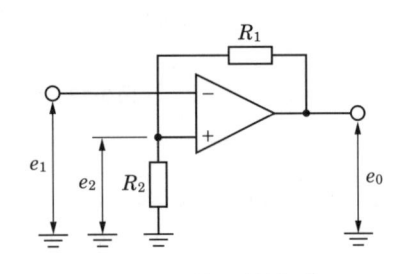

図3・11　正帰還増幅回路

② 同様に図3・12のように $e_1 - e_2 = -\Delta e$ のときはどうだろうか？

正帰還増幅回路では，わずかな入力電圧の差を逆極性の方向へ増幅して，いっきに電源電圧まで飽和させてしまうのである。

3.1.7 シュミットトリガとヒステリシス

それでは，どのような条件で前述の動作が起こるかを考えてみよう。図3・11の出力は，$+V_S$と$-V_S$のどちらかにしか安定しないようである。はじめに出力電圧が$+V_S$で安定しているときの動作を考えてみよう。

[1] $e_0 = +V_S$のとき（図3・12）

$+V_S$を正帰還しているので，e_2はR_1，R_2から，

$$e_2 = +V_S \frac{R_2}{R_1 + R_2} \qquad \therefore \ e_1 > e_2 \text{のとき，} e_0 = -V_S$$

したがって，入力電圧e_1が分圧電圧e_2を越えたとき，出力が$+V_S$から$-V_S$に切り替わることになる。

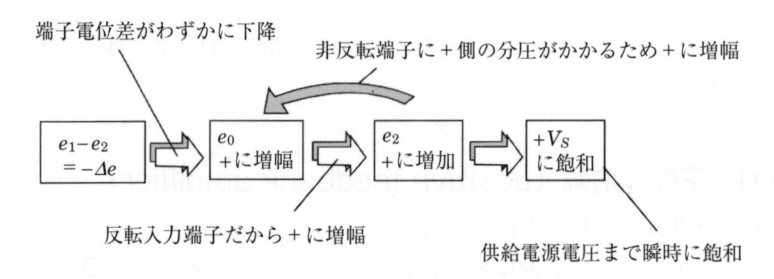

```
端子電位差がわずかに下降      非反転端子に＋側の分圧がかかるため＋に増幅

 ┌──────┐  ┌──────┐  ┌──────┐  ┌──────┐
 │ e₁-e₂ │→│  e₀   │→│  e₂   │→│ +V_S  │
 │ =-Δe  │  │＋に増幅│  │＋に増加│  │に飽和  │
 └──────┘  └──────┘  └──────┘  └──────┘

        反転入力端子だから＋に増幅      供給電源電圧まで瞬時に飽和
```

図3・12 $-\Delta e$入力時の＋側への飽和

[2] $e_0 = -V_S$のとき（図3・13）

同様に出力電圧が$-V_S$で安定しているときの動作を考えてみよう。

$$e_2 = -V_S \frac{R_2}{R_1 + R_2} \qquad \therefore \ e_1 > e_2 \text{のとき，} e_0 = +V_S$$

となって入力電圧e_1が分圧電圧e_2よりも低くなったとき，出力が$-V_S$から$+V_S$に切り替わることになる。図3・14にこの動作を示す。このように動作する回路をシュミットトリガ回路という。

3.1 オペアンプ

端子電位差がわずかに上昇 → 非反転端子に−側の分圧がかかるため−に増幅

$e_1 - e_2 = +\Delta e$ ⇒ e_0 −に増幅 ⇒ e_2 −に増加 ⇒ $-V_S$ に飽和

反転入力端子だから−に増幅　　供給電源電圧まで瞬時に飽和

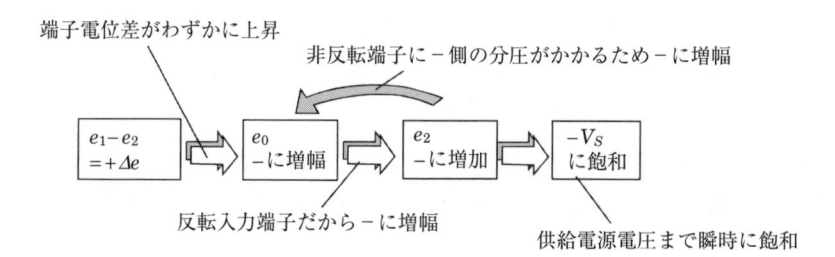

図 **3·13**　$+\Delta e$ 入力時の−側への飽和

$$V_u = +V_S \frac{R_2}{R_1+R_2}$$

$$V_L = -V_S \frac{R_2}{R_1+R_2}$$

シュミットトリガ

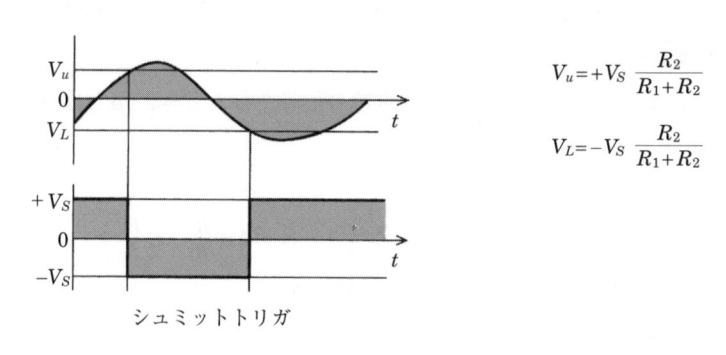

図 **3·14**　正帰還シュミットトリガ動作

図 3·14 は横軸に時間軸，縦軸に入出力電圧をとったものであり，図 3·15 は同じ現象を横軸に入力電圧，縦軸を出力電圧として表したものである．図中に矢印で示す経路を見てほしい．出力が切り替わるときの入力電圧の値が"往"と"復"では異なっている．

このように入出力の往復の切替えに差を生ずる入出力関係を**ヒステリシス**(hysteresis)と呼ぶ．これは大変便利な現象である．エアコンを考えたとき，センサが温度を検出して設定温度の近

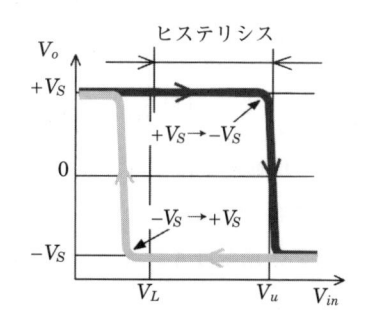

図 **3·15**　入出力のヒステリシス特性

傍で，室温がわずかに上下するたびに，コンプレッサのON／OFFが頻繁に繰り返されては困る。このような箇所に，この回路を使用すれば安定した制御を行うことができる。街路灯の自動点灯も同じである。

図3·14，図3·15でV_u，V_Lが出てくるが，この回路動作で重要なはたらきをする電圧であり，**しきい値**（threshold）または**スレッショルド**と呼ばれる。

3.1.8 各種のオペアンプ回路

これまで基本的な増幅回路を見てきた。オペアンプはアイディアひとつで，いろいろな回路への応用が可能である。ここでは，そのいくつかを紹介する。

[1] 反転加算回路

図3·16のように，反転入力端子に複数の信号を与たとき，出力は単独入力の組み合わせとなる。

$$e_0 = -\left(e_1 \frac{R_f}{R_1} + e_2 \frac{R_f}{R_2}\right)$$

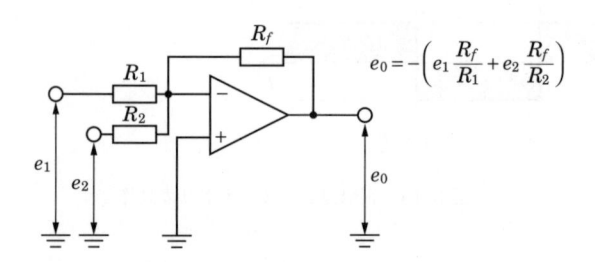

図3·16 反転増幅加算回路

e_1，e_2による出力をそれぞれ単独で求め，最終出力を求めると，

$$e_0 = -\left(e_1 \frac{R_f}{R_1} + e_2 \frac{R_f}{R_2}\right)$$

となる。反転が気になるときは図3·17の回路動作を考えてほしい。「反転の反転」ということである。したがって，

$$増幅度 A = -A_1 \times (-A_2) = A_1 \times A_2$$

になる。

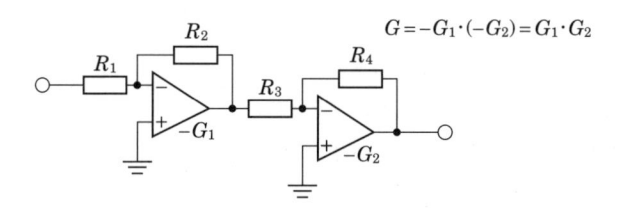

$$G = -G_1 \cdot (-G_2) = G_1 \cdot G_2$$

図3·17　反転増幅2段回路

[2] 可変シュミットトリガ回路

　図3·11の正帰還増幅回路は，大変便利な回路である．ただし，このままでは風呂やエアコンの温度調節をすることができない．そこで，図3·18のような回路を考えてみる．図3·13で出力を切り替える設定電圧は，たった2つの抵抗で設定できることを説明した．図3·18では，図3·11の抵抗R_2を可変抵抗に置き換えている．V_u，V_Lはどうなるだろうか？

$$V_u = +V_S \frac{R_2}{R_1 + R_2}$$

$$V_L = -V_S \frac{R_2}{R_1 + R_2}$$

のR_2が変化するわけであるから，しきい値を可変することができる回路となる．これでセンサ処理回路などで設定値の調整が可能となる．

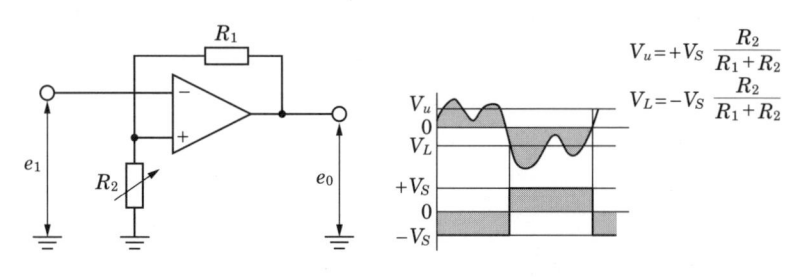

図3·18　可変シュミットトリガ回路

[3] ボルテージフォロワ回路

図3·19のように出力を直接反転入力に戻す場合を考えてみる。するとオペアンプの増幅度は"1"になって，"増幅度1，つまり増幅をしない回路"ができる。出力電圧$e_o = e_i$であり，もしe_iに3〔V〕が入力されたなら，e_oからも3〔V〕出力されるわけである。

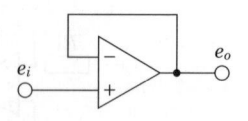

図3·19 ボルテージフォロワ回路

意味のない回路のように思えるが，e_iに微弱（電流の弱い）な信号をかけても，オペアンプは入力電流を必要としないため，しっかりと信号を認識する。そしてe_oには，オペアンプから十分な電流をもった信号が出力される。

このように，電圧の増幅を目的とせず，微弱な入力電流を次へ送り出すようなはたらきをするものを**バッファ**(buffer)といい，この回路は**ボルテージフォロワ**(voltage follower)と呼ばれる回路である。

[4] 微分回路と積分回路

図3·20を**微分回路**，図3·21を**積分回路**と呼ぶ。第2章の図2·11で抵抗とコンデンサの組み合わせの例として紹介したが，初めてこの名前を聞く人は，数学の微分・積分を連想するらしく，とっつきにくいようである。

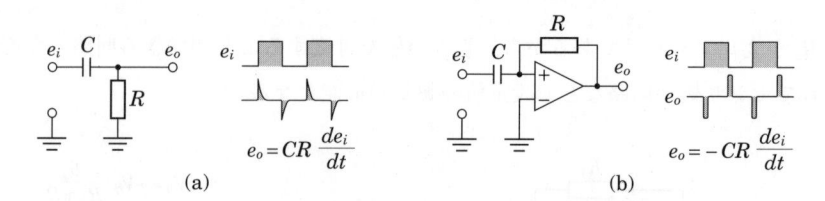

(a) $e_o = CR \dfrac{de_i}{dt}$

(b) $e_o = -CR \dfrac{de_i}{dt}$

図 3·20 微分回路

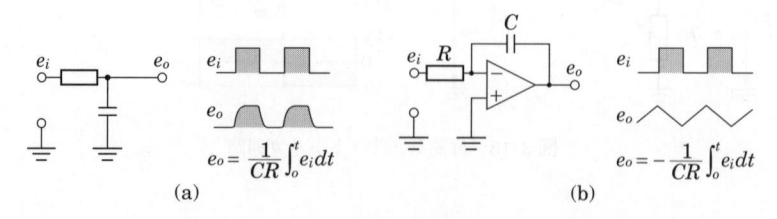

(a) $e_o = \dfrac{1}{CR}\int_0^t e_i dt$

(b) $e_o = -\dfrac{1}{CR}\int_0^t e_i dt$

図 3·21 積分回路

- **微分回路**：信号の立上がりや立下がりなど，入力信号に変化があるときだけ，その変化分に見合った出力を出して他の動作のトリガを作ったりする。
- **積分回路**：入力信号の変化に時間遅れを与えて急激な変化を和らげたり，タイマの時間設定などに活用される。オーディオの音質調整などは身近な例である。

3.2 A／D変換器・D／A変換器

　文字どおり，アナログ信号とディジタル信号の変換を行う要素である。A／Dは，A(analog)→D(digital)の変換を行い，D／Aは，D(digital)→A(analog)の変換を行う。簡単なものは汎用部品で構成することができ，本書の回路中において，汎用部品の組み合わせによりこれらの機能を実現しているものもある。しかし，IC化されたものが市販されているので，それらを活用することが得策である。この節では，A／D変換，D／A変換の概略と回路の例を解説する。

3.2.1 A／D変換，D／A変換とは

　これからA／D変換とD／A変換について考えていく。ディジタル量の話には，どのように工夫しても，**2進数**が絡んでくる。そこで，2進数がはっきりわからないときは，必要に応じて次章の「4.2.2数表現」を参照されることをお薦めする。

　図3・22のように，大きなボトルに入った液体をカップに分けたところ，容積1のカップが7つになったものを図(a)とする。一方，図(b)は容積がそれぞれのカップに注ぎこんだものとする。

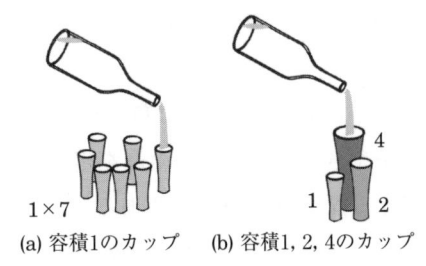

(a) 容積1のカップ　　(b) 容積1, 2, 4のカップ

図3・22　液体の量子化

　図(a)も(b)もともに，ボトルの内容量は7ということがわかる。そして

これを「ボトル1本で7というアナログ量をもっていた」とする。さらに，それまでのアナログ量7を「カップ」という単位に分割したと考える。ここで，まとまった1つの大きなものを細かな単位に分割する操作を**量子化**といい，量子化された量のことを**ディジタル量**という。

図(a)は1×7=7であるが，これを加算だけで表せば，

$$1+1+1+1+1+1+1=7$$

である。一方，図(b)は4+2+1=7で表せる。加算の回数は図(b)のほうが少ないことがわかる。この操作で，当初ボトルのもっていた7というアナログ量はディジタル化された。それではなぜ，図(b)では4+2+1のように分割したのだろうか？これは，1，2，4という数は次式のように2のべき乗であるためである。

$$2^0=1, \quad 2^1=2, \quad 2^2=4, \quad 2^3=8, \quad 2^4=16, \quad 2^5=32, \quad 2^6=64, \cdots$$

これが**重み付け2進数**である。

さて，図3·22の方法と同様にして120という量を計ってみよう。カップの容量1で計量をしたとすれば，

$$1+1+1+ \cdots\cdots +1+1=120$$

となるが，図(b)はどうだろうか。

$$64+32+16+8=120$$

である。ここで，重み付け2進数で表すと，

$$2^6+2^5+2^4+2^3=120$$

となる。このような処理を行うことを**A／D変換**といい，そのハードウェアを**A／Dコンバータ**という。

今度は，容量が4，2，1のカップで水をすくって，空いたボトルに移し替えてみよう。量子化されたカップの中身をボトルに移し替える操作が**D／A変換**である。ここで，完全に水を移し終えた後，元のボトルと比べてみると，水位は同じである。当然のこととして，アナログ量は端数をもっているは

図3·23 2の重み付けをしたカップ

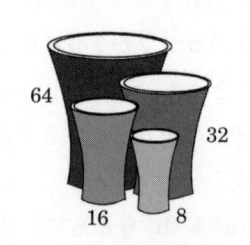

ずである．0.5や0.3といった端数はどのように扱われるのだろうか．

図3・22(a), (b)は，最小の単位を"1"の量子化を行った．A／D変換では"最小単位"未満の端数は，切上げあるいは切捨ての処理がされてしまう．とすれば，A／D変換とD／A変換ではアナログ量Xをディジタル量に変換して，再びアナログ量に戻しても元のXに戻らないこともある，ということが考えられる．これを**量子化誤差**といい，避けることのできない現象である．それでは，次に具体的な要素を見ることにしよう．

3.2.2 A／D変換器（analog digital converter）

A／D変換の方法はいろいろ考えられる．ここでは比較的理解しやすいと思われるものを挙げて，概略をつかんでもらいたい．

[1] シングルスロープA／D変換器

図3・24(a)において，**のこぎり波**(saw tooth wave signal)を基準信号として，測定入力信号V_{in}との比較演算を行う．この比較には**電圧比較器**(comparator)というものを使うとよい．これにより，入力電圧がのこぎり波の基準電圧よりも高い場合の時間換算出力T_cを作り出す．

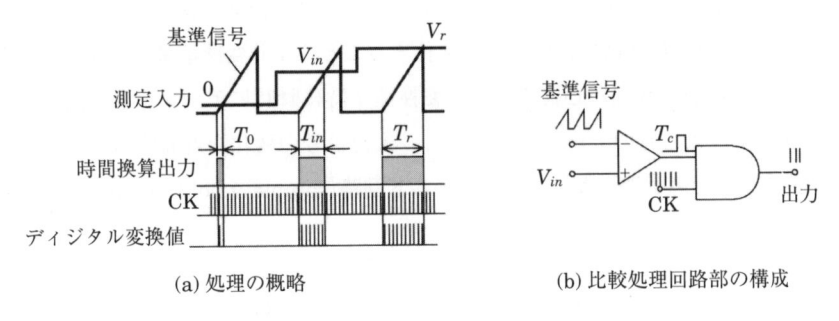

(a) 処理の概略 (b) 比較処理回路部の構成

図3・24 シングルスロープA／D変換

次に，求めた時間T_cの間だけクロックパルスCKを出力するような**ゲート**(gate)を考えて，その出力を最終段の出力とする．その結果，変換入力電圧V_{in}に比例した数のディジタル出力（クロックパルスの数）を求めることができる．

これは比較的低速のA／D変換器の原理となる。

[2] 並列比較方式A／D変換器

図3·25に**並列比較方式A／D変換器**の構成を示す。定電圧V_rを供給して，抵抗Rによる分圧をそれぞれの電圧比較器に加え，変換入力電圧V_{in}と比較して，8ビットのディジタル出力を得るものである。この出力は，アナログ入力を等分割に階級化したものにすぎないから，8ビット入力3ビット出力の**エンコーダ**(encoder)で処理して，重み付けをもった2進出力に変換する。これにより連続量を3ビットに出力するA／D変換器が構成される。

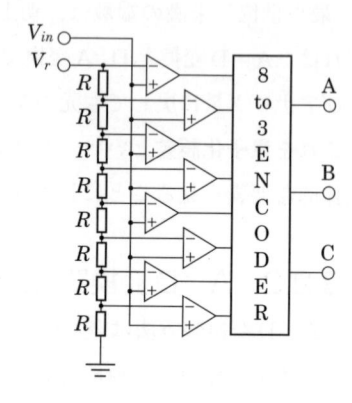

図3·25 並列比較方式A／D変換器

この形式は，常時並列にA／D変換を行うので，処理速度はエンコーダの変換能力に依存することになる。中速用変換器の基本原理の1つとして用いられている。

[3] サンプル＆ホールド回路

図3·24と図3·25で入力データを取り込むときに，データは刻々と変化しているはずである。A／D変換中にデータが変化することにより変換結果が不安定にならないよう何らかの機能が必要である。変換開始時に瞬時にデータを取り込み，データ変換中は入力時のデータを保持して，入力信号の変化を遮断する。そのような機能をもたせる回路が**サンプル＆ホールド回路**(sample & hold circuit)である。

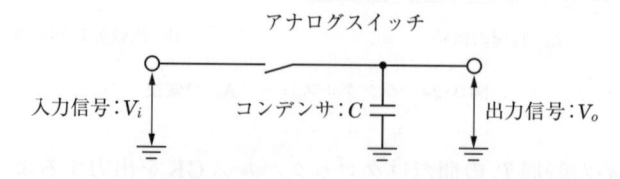

図3·26 サンプル＆ホールド回路

図3·26にサンプル&ホールド回路の動作原理を示す。アナログスイッチは，機械式スイッチのように完全に信号を，ON/OFFする機能をもったスイッチングICとする。

スイッチをONにすれば回路が閉じて，コンデンサCに充電が開始される。コンデンサの電荷が十分に蓄えられた頃，スイッチをOFFにすれば，出力信号端子からはコンデンサ両端の電位が出力されることになる。コンデンサの自己放電が極めて少なければ，出力電圧は安定状態にある。

このときのアナログスイッチをONにする操作を**サンプリング**(sampling)，保持する動作を**ホールディング**(holding)と呼ぶ。

図3·27にサンプル&ホールド回路の入出力特性を示す。図において，サンプリングとホールディング中に起こる現象について考えてみよう。

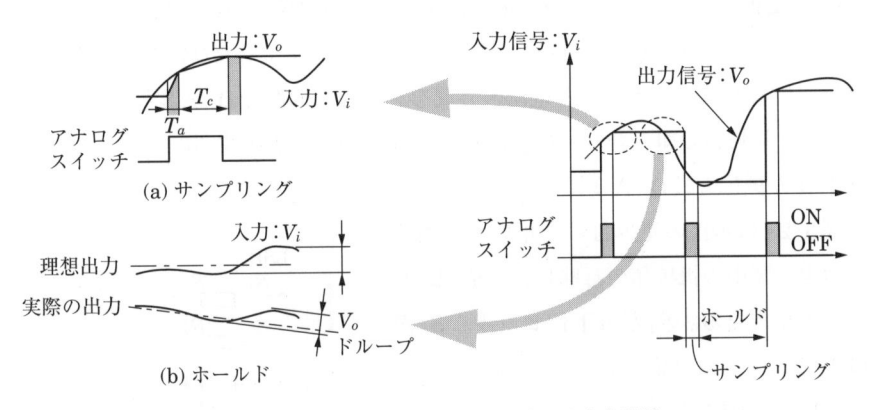

図3·27 サンプル&ホールド回路の入出力関係

① **アクイジション時間：T_c** アナログスイッチを閉じてから，すぐに入力電圧とコンデンサ両端電圧(出力)が一致するとは思えない。これまでのところでわかるように，コンデンサには積分動作がある。これによって生ずる時間遅れのことをいう。

② **アパーチャ時間：T_a** 電流にも慣性がある。また，前述のコンデンサの積分動作も加わって，アナログスイッチを開いても電流はすぐには停止

しない。入力信号が切れてから，コンデンサ両端の電圧が安定するまでの時間をいう。

③ **ドループ**　コンデンサが十分に大きければホールド中の放電は少ないが，大きすぎると前述の積分動作がさらに強くなってしまう。ホールド中の電圧降下をいう。単位時間当たりの電圧降下 dV/dT で表される。

④ **フィードスルー**　アナログスイッチは完全な機械接点ではない。制御信号により高インピーダンスを作り出して，スイッチングを行う。このため入力信号を完全には遮断できず出力信号に若干の影響を与える。図中の V_o/V_i で表される。

3.2.3　D/A変換器

D/A変換器(digital analog converter)はA/D変換器の逆の動作を行う要素であり，D/A変換の基本は抵抗回路網である。これまでもたびたび出てきたが，抵抗器による電圧のと分圧と電流の分流を利用した回路でD/A変換を行う。ここでは，抵抗器の組み合わせによるD/A変換器を2つ紹介する。

[1] 重み抵抗方式D/A変換器

図3・28に抵抗の重み付けを用いた変換器を示す。図中の抵抗値の意味は，2^0R, 2^1R, …, 2^5R となる。S_1 が最下位ビット，S_6 が最上位ビットに対応する。この両者をそれぞれ**LSB**，**MSB**と呼ぶ。

図3・28で任意のスイッチ S_i が1つ閉じたとすると，$R_i (=2^{i-1}R)$ に流れる電流 I_i は，

$$I_i = \frac{V_r}{R_i} = \frac{V_r}{2^{i-1}R}$$

となる。$R_1(R) \sim R_6(32R)$ に流れる電流の総和 I は，スイッチの状態を A_i ($A_i=0$ または 1) で表すと，次のようになる。

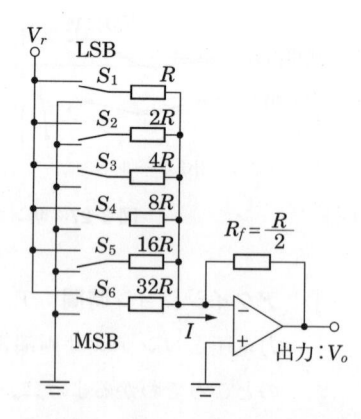

図3・28　重み抵抗方式D/A変換器

$$I = \left(\frac{A_1}{R_1} + \frac{A_2}{R_2} + \cdots + \frac{A_6}{R_6}\right) V_r$$

$$= V_r \sum_{i=1}^{6} \frac{A_i}{R_i} = V_r \sum_{i=1}^{6} \frac{A_i}{2^{i-1}R}$$

したがって，出力V_oは，オペアンプの帰還動作から，

$$V_o = -R_f I = -\frac{R}{2} V_r \sum_{i=1}^{6} \frac{A_i}{2^{i-1}R} = -V_r \sum_{i=1}^{6} A_i 2^{-i}$$

によって求められる。図のように，S_1，S_3，S_4，S_6，がON（＝1）のときの出力V_oを求めてみよう。

$$V_o = -V_r \underbrace{(2^{-1} + 2^{-3} + 2^{-4} + 2^{-6})}_{\substack{\text{OFFのスイッチは "0" として，考える必要はない。}\\ \Sigma は（　）のことである。}}$$

$$= -V_r \left(\frac{1}{2^1} + \frac{1}{2^3} + \frac{1}{2^4} + \frac{1}{2^6}\right) = -V_r \frac{45}{64}$$

が出力となる。

[2] 電圧加算方式D／A変換器

図3・29に電圧加算式D／A変換器を示す。

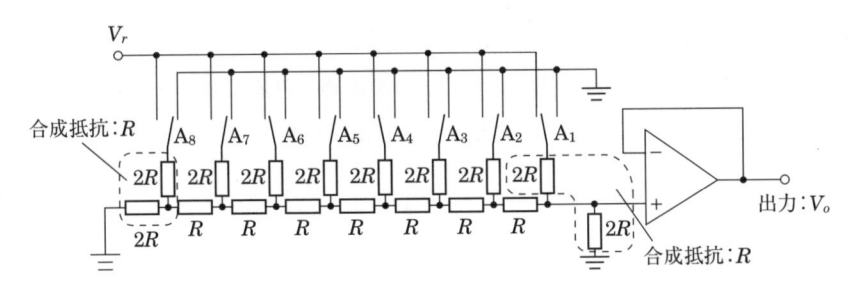

図3・29　電圧加算方式D／A変換器

任意のスイッチA_i（$i=1$，2，…，8）のいずれかがV_rに接しているとき，接続点の左右および，A_iから接続点間の合成抵抗は，すべて$2R$になる。

図3・30のように接続点P_iとGND間の合成抵抗がRとなるので，点P_iにおける電圧V_{Pi}は，抵抗分圧で，

$$V_{Pi} = V_r \cdot \frac{R}{2R+R} = \frac{1}{3}V_r$$

となる．仮にA_4のみがV_rに接したものとすれば，オペアンプへの入力電圧は，

$$\frac{1}{3}V_r \times 2^{-3}$$

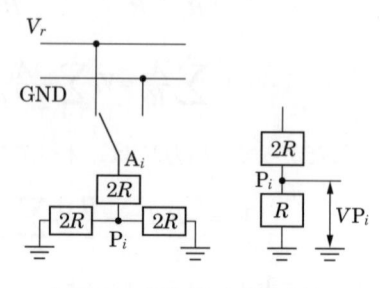

図3・30 接続点における分圧

となる．これより，任意のスイッチA_iのみがV_rに接しているときには，オペアンプへの入力電圧V_{in}は，

$$V_{in} = \frac{1}{3}V_r \times 2^{-i+1}$$

といえる．そして，複数のスイッチが閉じた場合には最終出力V_oは，出力段のオペアンプはバッファであるから，利得1なので，

$$V_o = \frac{1}{3}V_r \sum_{i=1}^{8} 2^{-i+1} A_i \quad (A_i = 1, 0)$$

となる．

ここでも図3・29の入力条件に対して出力を求めてみる．スイッチA_1，A_4，A_6がV_rに接しているので$i=1, 4, 6$となる．したがって，

$$V_o = \frac{1}{3}V_r(2^0 + 2^{-3} + 2^{-5}) = \frac{1}{3}V_r\left(1 + \frac{1}{8} + \frac{1}{32}\right) = \frac{37}{96}V_r$$

という出力電圧になる．

[3] その他のD/A変換器

以上2種類のD/A変換器のほか，抵抗分圧そのものを使った抵抗分圧方式D/A変換器，前述の電圧加算方式と類似の電流加算方式D/A変換器などが実用に供されている．

[1]の重み抵抗方式は数ビットのD/A変換器，あるいはそれにちかい動作を

行う回路を必要とする場合，ビット数分の抵抗器があれば簡単に作ることが可能である．しかしビット数が多くなると，抵抗の種類が増えすぎて，精度の確保が困難になる．

[2]の電圧加算方式および電流加算方式は$2R$とRの2種類の抵抗器で高精度の変換器が作れるので，多くのICで採用している方式である．

第4章　ディジタル回路の基本素子

論理回路の多くはディジタルICで処理される。比較的簡単な論理回路は基本論理ゲートの組み合わせで設計され，使用頻度の高い中規模以上の回路には，MSIやLSIなどのICが用意されている。

論理回路は信号の流れに主体を置いて設計される。論理回路を実現するには実際の要素であるディジタルICの信号レベルや信号の与え方などの具体的な方法を理解しておくことが必要である。

4.1　ICの概略

ディジタルICは次のように分類することができる。

(a) **構造による分類**

● バイポーラ型（TTL：Trasistor Trasistor Logic）：トランジスタでできている。

● ユニポーラ型（MOS：Metal Oxide Semiconductor）：MOS-FETでできている。

(b) **機能による分類**

● 論理ゲート

● シュミット・トリガ

● ワンショットマルチバイブレータ，フリップフロップ

● カウンタ，デコーダ

● エンコーダ，デコーダ

● D／A，A／Dコンバータ

● メモリ，CPU（Central Processing Unit）

(c) **外形による分類**
- DIP型（Dual In-line Package）
- SIP型（Single In-line Package）
- トランジスタ型
- フラットパッケージ型

(d) **集積度による分類**
- SSI（Small Scale Integrated circuit）
- MSI（Medium Scale Integrated circuit）
- LSI（Large Scale Integrated circuit）
- VLSI（Very Large Scale Integrated circuit）

4.2 ディジタル回路と論理

ディジタルICは論理動作を実現する要素である。"真・偽"あるいは，"0・1"または"正・負"，"H・L"などが，どのような状態のときにどのような意味をもつか，そしてそれをどのように扱うかを定めた体系を**論理**（logic）と呼ぶ。

4.2.1 正論理と負論理（逆もまた真なり）

ディジタル回路で扱う信号は，"0と1"や，"HとL"の**2値信号**である。ディジタル回路で論理を電気的に構成するのに適する2値信号には，次のようなものが考えられる。

① 電圧が高いか低いか
② 電流が流れているかいないか
③ パルスがあるかないか
④ スイッチが閉じているか開いているか

2値信号の"0，1"は互いの相対関係を示すものであり，「on・有・高・真」を"1"として，その逆の状態を"0"とする論理体系を**正論理**（positive logic）という。また，全て逆の状態を"0"，"1"と規定する論理体系もある。このよ

うな逆の立場をとる体系を**負論理**（negative logic）と呼ぶ．人間の思考法からすると，この負論理はあまり馴染みのない考え方であるが，ICの世界では逆で，むしろ負論理のほうが重宝がられる場合さえあり，実際の回路設計において多く用いられている．

4.2.2 数表現（数にも重みがある）

10進数とは何か．例えば，先生が黒板に"10"という数字を書く．子供たちもそれに習ってノートに書き写す．次に先生から「ジュウニを書きましょう」という問題が出されると，子供たちはノートに12と書く．子供たちの中には"102"と書く人もいると思う．

これは位取りの問題である．10進数各桁の0〜9という10個の文字は量の大きさそのものを表すのではなく，10の累乗という大きさを表すかたまりがいくつあるかを示す記号であるということが，なかなか理解されないのである．

10の累乗で表される位取りを，**10進数の重み**（おもみ：weight）といい，この10を**基数**（base, radix）と呼ぶ．

また，2，8，16を基数とした数表現が**2進数**，**8進数**，**16進数**になる．それでは10進数"123"という数表現を考えてみよう．

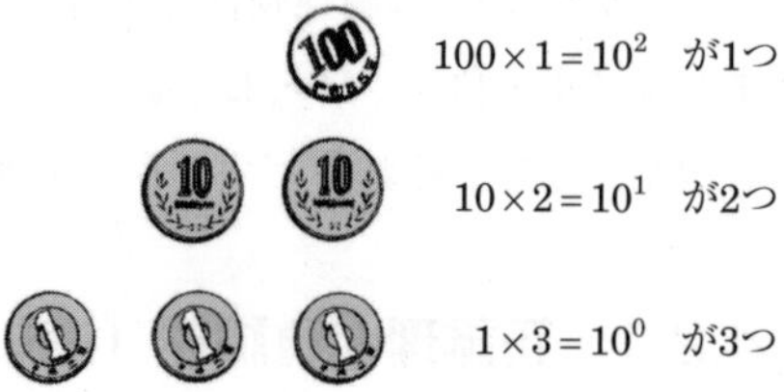

$100 \times 1 = 10^2$ が1つ
$10 \times 2 = 10^1$ が2つ
$1 \times 3 = 10^0$ が3つ

図4・1 10進数の123

図4・2に各数論理への変換を示す．ここで（ ）の次の添え字は基数を表している．

$$(123)_{10} = 10^2 \times ① + 10^1 \times ② + 10^0 \times ③$$
$$= 2^6 \times ① + 2^5 \times ① + 2^4 \times ① + 2^3 \times ① + 2^2 \times ⓪ + 2^1 \times ① + 2^0 \times ① = (1111011)_2$$
$$= 8^2 \times ① + 8^1 \times ⑦ + 8^0 \times ③ = (173)_8$$
$$= 16^1 \times ⑦ + 16^0 \times ⑪ = (7B)_{16}$$
$$ 11 \quad B$$

○の数字を並べると各数論理での表現になる

図4・2 $(123)_{10}$の表現

図から10進数"123"の各数論理への変換結果はわかったが、考え方がよくつかめないというときは図4・3を見てほしい。前章の図3・23をアレンジしたものである。ボトルの中身が、7ならば4+2+1であるが、6ならば4+2、…となる。

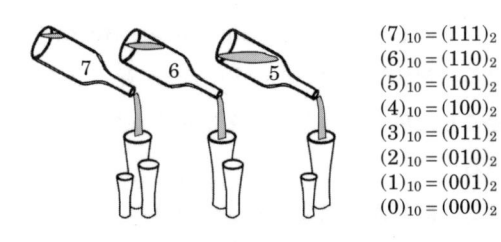

$(7)_{10} = (111)_2$
$(6)_{10} = (110)_2$
$(5)_{10} = (101)_2$
$(4)_{10} = (100)_2$
$(3)_{10} = (011)_2$
$(2)_{10} = (010)_2$
$(1)_{10} = (001)_2$
$(0)_{10} = (000)_2$

図4・3 2の重み付けのコップ

このコップの容量は、2の重み付けがされているので、このような分配になるのである。それでは、どのコップにちょうど適量入るかを決定するにはどうしたらよいだろうか。

図4・4に図4・2の変換法を示す。10進数MをN進数へ変換するには、Mを基数Nで割って、商と余りを出し、次に商を基数で割って、その余りを出す。これを繰り返して割れなくなったときに、最後の商を先頭にして、余りを順に書き並べるという操作をする。

この重み付け（位取り）の1桁ごとを**ビット**（bit）と呼ぶ。前章でMSB，LSBという言葉だけを紹介したが、MSBはMost Significant Bitの略で、直訳すれ

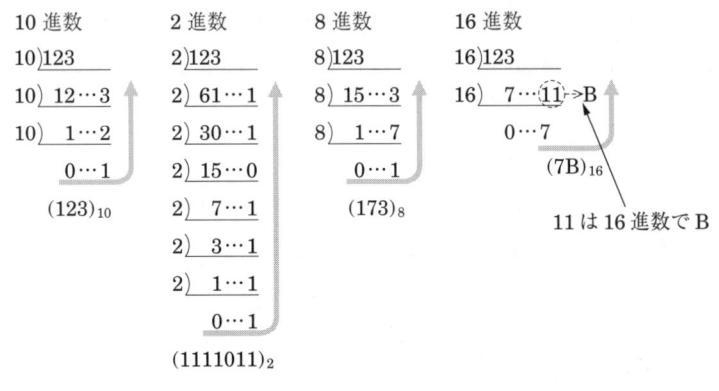

```
10進数        2進数         8進数        16進数
10)123        2)123         8)123        16)123
10) 12…3      2) 61…1       8) 15…3      16)  7…(11)→B
10)  1…2      2) 30…1       8)  1…7          0…7
     0…1      2) 15…0           0…1         (7B)₁₆
   (123)₁₀   2)  7…1         (173)₈      11は16進数でB
             2)  3…1
             2)  1…1
                0…1
            (1111011)₂
```

図4・4 重み付けの計算方法

ば"最も重要なビット"となって，重み付けの**最上位ビット**をいう。逆に**最下位ビット**のLSBはLeast Significant Bitといって，最も重要性の少ないビットとなる。MSBの1ビットがエラーを起こしたときと，LSBの1ビットがエラーを起こした場合では，データに対する影響が大きく違うため，このように呼ばれている。

　この計算から次のことがつかめただろうか。
　① 10進数の各桁には0〜9のどれかが入る。
　② 2進数の各桁には0か1のどちらかが入る。
　③ 8進数の各桁には0〜7のどれかが入る。
　④ では16進数は？

　16進数では0から15が入るのだろうか。量としては16個分入ることは確かである。しかし，位取りを表す数字に2桁の文字（＝記号）を使って矛盾はないだろうか。

　実は，これまで数字として考えていた0〜9は位取り1桁の中でどれだけの量があるかを表す記号だったのである。1桁の中には，量の大きさを分けることのできる記号1文字だけが入り込むことができるのである。だから，10進数を例とすれば，0〜9の次は桁上がりで，上位の桁が"1"，元の桁が"0"になるのである。

　結局，16進数は0〜9の後に6つの1文字記号として，身近なアルファベットのA〜Fを加えて16種類の記号を表現している。図4・2，図4・4の"7B"がそれである。

　アルファベットA〜Fの大文字と小文字による表現は混在しているようである。特に最近はC言語の影響からか，小文字を多く見かけるようになった。下の表では慣例的に大文字で表記している。また，16進数の表記法はH（h），&H，0xなどの添え字を用いて，5DH，&H21，0x2bなどと示される。

10進数	0	1	2	3	4	5	6	7	8	9	10	11	12	13	14	15
16進数	0	1	2	3	4	5	6	7	8	9	A	B	C	D	E	F

4.2 ディジタル回路と論理　　　　　　　　　　　　　　　　77

16進数については，2進数と同様にこの後たびたび利用することになる。特に10進数→16進数の変換よりは，2進数→16進数あるいはその逆が多いので，図4・5にその変換例を示す。

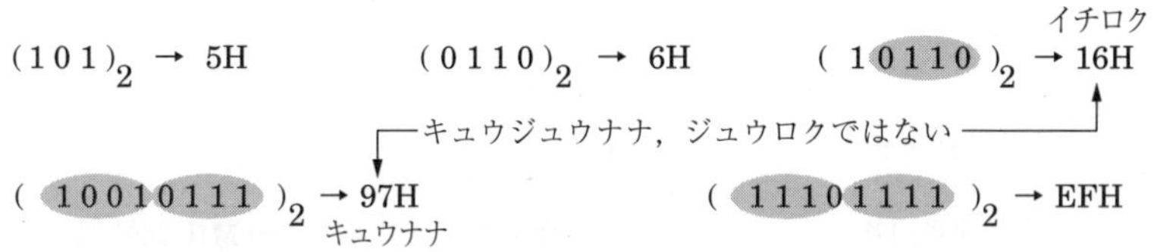

$$(101)_2 \rightarrow 5H \qquad (0110)_2 \rightarrow 6H \qquad (\underset{\text{イチロク}}{10110})_2 \rightarrow 16H$$

$$(\underset{\text{キュウナナ}}{10010111})_2 \rightarrow 97H \qquad (11101111)_2 \rightarrow EFH$$

キュウジュウナナ，ジュウロクではない

2進数の4bit→16進数の1bitに変換される。2進数が4bitを超える場合には4bitごとにまとめて16進数へ変換する。

図4・5　2進数と16進数

4.2.3　基本論理と論理回路素子

　論理演算の動作を実現する方法はいくつかある。コンピュータにより論理演算処理を行い，結果のみを外部に出力し，後はインタフェースの動作に任せるようなものは，ソフトウェアの変更が容易であるから効率的かもしれない。しかし，インタフェースの中では与えられた信号から最終目的の仕事を行うために，再び論理処理が行われることになるのが普通である。そして出力段の最終段階には，必ずハードウェアが介在する。かといって全てをハードウェアで構成するのは，非効率的といえる。ここでは，論理演算に関する基本論理とそれをハードウェアで実現するための論理回路素子を考えてみよう。

[1] 論理積回路

　図4・6に2入力**論理積回路**（AND gate）の真理値表と図記号（MIL記号）を示す。**真理値表**とは，入力の状態の全組み合せを表したもので，その入力状態に対応した出力を示している。図の真理値表からわかるように，「全ての入力が"1"のときだけ出力が"1"となる」回路である。この動作を式で表したものを**論理式**という。2入力をA，Bとした出力Xの論理式は，$X = A \cdot B$と表される（AアンドBと読む）。

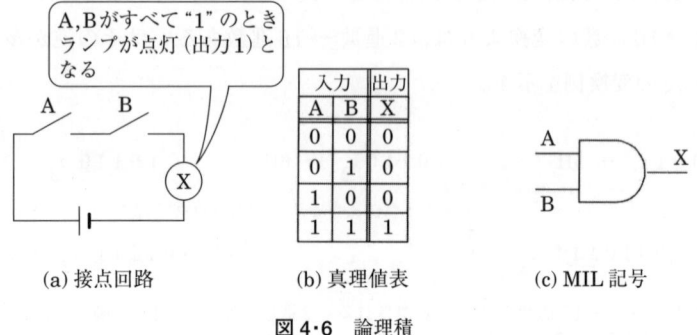

(a) 接点回路　　　　(b) 真理値表　　　(c) MIL 記号

図 4·6　論理積

[2] 論理和回路

図 4·7 に 2 入力**論理和回路**（OR gate）を示す。論理和回路は，「少なくとも A，B どちらかの入力が "1" になれば，出力が "1" となる」回路である。2 入力を A，B とした出力 X の論理式は，X = A + B で表される（A オア B と読む）。

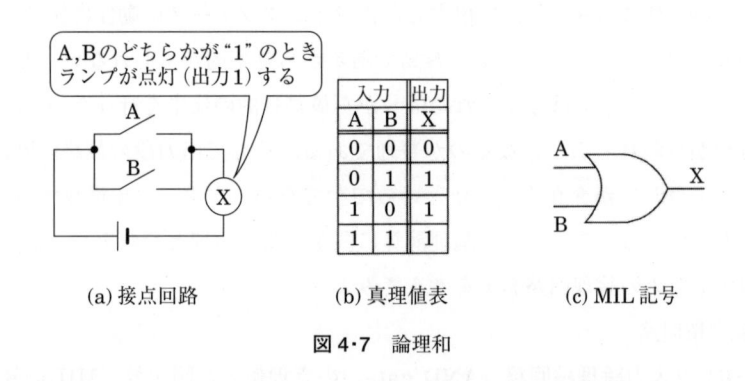

(a) 接点回路　　　　(b) 真理値表　　　(c) MIL 記号

図 4·7　論理和

[3] 否定回路

図 4·8 に**否定回路**（NOT gate）を示す。否定回路の出力は，入力の逆の値をとる。この動作から，**反転回路**（inverter）とも呼ばれる。入力 A に対する出力 X の論理式は，$X = \overline{A}$ で表す（A バーまたはノット A と読む）。

(a) 接点回路　(b) 真理値表　(c) MIL 記号

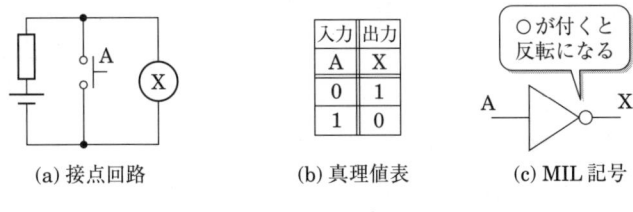

図 4·8　否定

[4] 排他的論理和回路

図4·9に2入力の**排他的論理和回路**（EX-OR gate）を示す。これは，A，Bの入力状態が不一致のときだけ，出力Xが"1"となる回路である。2入力をA，Bとした出力Xの論理式は，$X = \overline{A} \cdot B + A \cdot \overline{B}$ で表される。

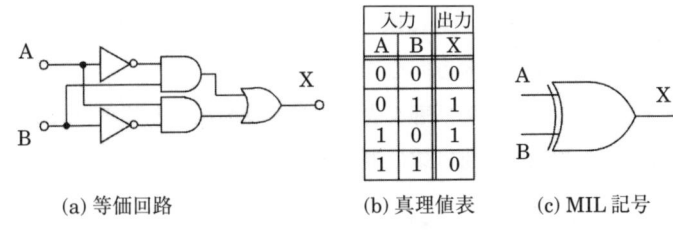

(a) 等価回路　(b) 真理値表　(c) MIL 記号

EX-ORの動作を前述の基本ゲート（論理和，論理積，否定）の組み合わせに置き換えた回路である。これを動作が等しいので等価回路という

EXはExclusiveの略

図 4·9　排他的論理和

また，EX-OR（エクスクルーシブORと読む）は，論理式からもわかるように，AND，NOT，ORの組み合わせで構成されるが，利用頻度が高く，IC素子として市販されているので，上記の組み合わせ論理式とともに，次の論理式も用いられている。

$X = A \oplus B$

[5] 論理図記号

これまでの図面の中で**MIL記号**が出てきた。ここで論理図記号について触れておきたい。MIL記号は，アメリカ国防省軍用規格（Military standard specification）である。JISでも論理図記号を定めている。図4·10にMIL記号とJIS記号の比較を示す。

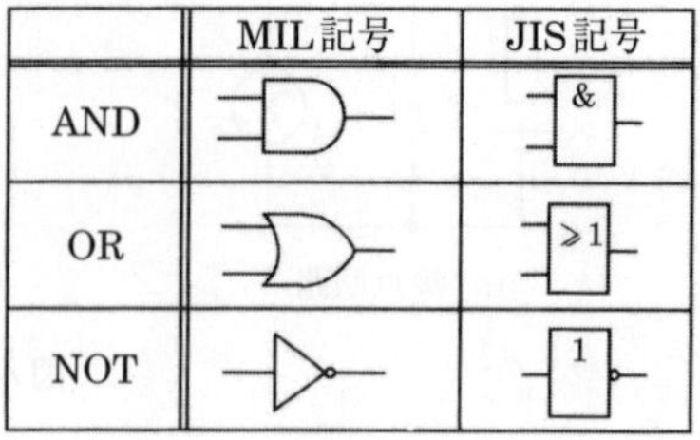
MIL記号
JIS記号
AND
&
OR
≥1
NOT
1

図4·10 MIL記号とJIS記号

MIL記号は論理図記号であると同時に，ディジタル回路の接続図にも用いられていて，実際の回路を構成する場合に大変便利なため，一般的に広く用いられている。IC供給メーカーの資料も，MIL記号を採用していることが多いので，ディジタル論理回路の図記号も，MIL記号が一般的に採用されている。ここまで出てきたなかで，図記号の約束事を整理しておこう。

- 信号の向き：論理図記号に限らず，電気的信号は基本的に左から右に向かって順方向を考える。
- ○　　　：○は反転状態を表す記号で**状態記号**と呼ぶ（図4·11）。
- 電源線　：回路の電源線は通常書かない。

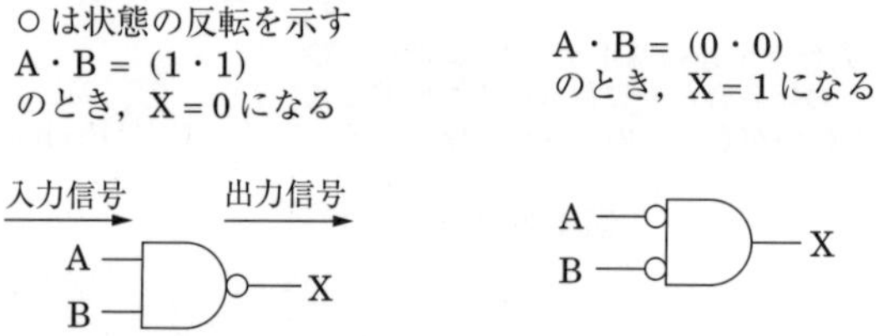
○は状態の反転を示す
A・B＝（1・1）
のとき，X＝0になる
入力信号
出力信号
A
B
X
A・B＝（0・0）
のとき，X＝1になる
A
B
X

図4·11 MIL論理図記号

4.2.4 組み合わせ論理回路

論理回路を実現するためのディジタルICは，汎用のものや標準回路について，多くの種類が市販されている。しかし，独自の回路や論理処理を行わせようとする場合には，供給されている素子を組み合わせて目的の回路を設計することが必要となる。

基本論理素子を組み合わせて,このような目的を達成するためには,回路を簡略化し,素子数を最小限にすることが,成功への第一歩といえるだろう。その方法として,次のようなものが考えられる。

[1] 論理代数

イギリスの数学者のブールが解析した論理代数である。その名をとって,**ブール代数**(Boolean algebra)と呼ばれるいくつかの法則を次に示す。ここで扱う"0","1"は2進数である。また,論理演算であるから,[・]はAND(アンド:**論理積**),[+]はOR(オア:**論理和**),[̄]はNOT(ノットあるいはバー:**否定**)と読む。

① Aが"1"でなければ,A=0である。
② $0+0=0$, $0+1=1+0=1$, $1+1=1$
③ $0・0=0$, $0・1=1・0=0$, $1・1=1$
④ $\overline{\overline{A}}=A$ (二重の否定は還元する)
⑤ $A+\overline{A}=1$, $A+A=A$, $A+1=1$, $A+0=A$, $A+A+\cdots+A=A$, $A・0=0$, $A・1=A$, $A・\overline{A}=0$, $A・A=A$
⑥ $\overline{A+B}=\overline{A}・\overline{B}$, $\overline{A・B}=\overline{A}+\overline{B}$ (ド・モルガンの定理)
⑦ $A+B=B+A$, $A・B=B・A$, $A+(B+C)=(A+B)+C$, $A・(B・C)=(A・B)・C=B・(C・A)$, $A・(B+C)=(A・B)+(A・C)$, $(A+B)・(A+C)=A+(B・C)$ (図4・12)
⑧ $A+(A・B)=A$, $A・(A+B)=A$

ここで,上記のブール代数について簡単に説明する。

①は,オセロの石にAという名前を付けたと考えてほしい。"黒でなければ白"である。②は,図4・7のOR(論理和)の真理値表と同じになる。③は,図4・6のAND(論理積)である。④は,オセロのAを2度(複数回)ひっくり返すと,元へ戻る。⑤はオセロを離れて,例えばA=1としてほしい。そうすると,$\overline{A}=0$となるから,②,③の法則になる。⑥は,AとBの2入力に関する,ANDとORの交換に使える重要な法則(**ド・モルガンの定理**)である。$\overline{A+B}$は,AオアBの否定,$\overline{A・B}$はAアンドBの否定である。⑦は,一般の代数と同様に交換や分

配ができる。⑧は，Bの状態が無視されて，Aに吸収されてしまっている。1，0は固定の定数，A，Bは1か0をとる変数と考えてほしい。

それでは，以上の論理代数により，論理式の変換例を行ってみよう（図4・12）。

A，B，Cの3つの信号入力がこの組み合わせの時に出力を出す回路を考えた

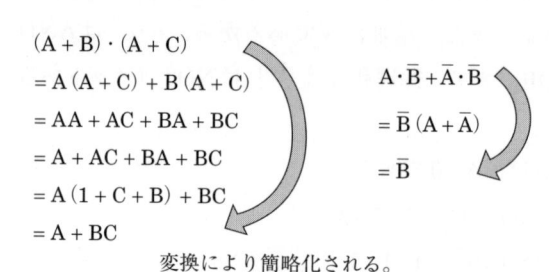

$(A+B)\cdot(A+C)$
$= A(A+C)+B(A+C)$
$= AA+AC+BA+BC$
$= A+AC+BA+BC$
$= A(1+C+B)+BC$
$= A+BC$

この例ではAの状態に関係なくBの状態（Bの否定）のみで決定される。

$A\cdot\bar{B}+\bar{A}\cdot\bar{B}$
$= \bar{B}(A+\bar{A})$
$= \bar{B}$

変換により簡略化される。

図4・12　論理代数展開

[2] ベン図

今度は，図を用いたビジュアル的な変換方法を紹介する。

図4・13を**ベン図**（venn map）と呼ぶ。3要素程度までの組み合わせ論理式を直感的に理解するのに便利である。

ベン図は論理の"1"，"0"を領域で示す。NOTは自分以外の領域，ANDは重なり合う領域，ORはかかわる領域の全てということになる。

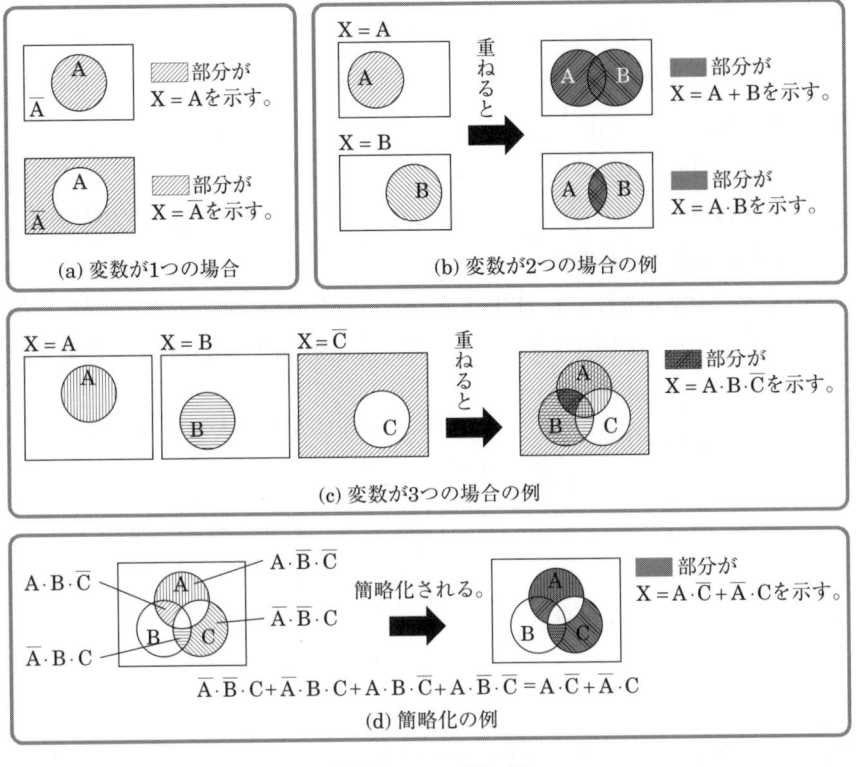

図 4·13 ベン図の例

[3] カルノー図

カルノー図（karnaugh map）は3変数，4変数でも適確に簡略化できる図式解法である。図4·14に3変数のカルノー図の例を示す。

3変数（3bit）による場合分けの数は8とおりである。この8とおりが全て記入できる枠を作ることで，問題の半分は解決したも同然である。

$X = \overline{A} \cdot \overline{B} \cdot C + A \cdot B \cdot \overline{C} + \overline{A} \cdot B \cdot C + A \cdot \overline{B} \cdot \overline{C}$

BC\A	00	01	11	10
0	0	1	1	0
1	1	0	0	1

$\overline{A} \cdot C$ $A \cdot \overline{C}$

図より
$X = \overline{A} \cdot C + A \cdot \overline{C}$

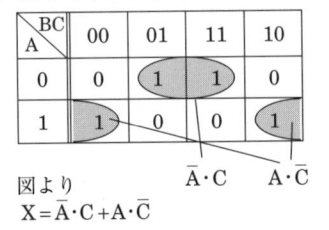

図 4·14 カルノー図の例 (1)

図のBCの行の0，1の組み合わせに注意してほしい。0と1が「しりとり」をしているような並びになっているのがわかるだろうか。これがポイントである。

このようにして作った枠組みに条件の成立するところには1，そうでないところには0を入れる。

図でABCの001，011が隣り合っている。ということは，Bが0でも1でも関係なく，Bは吸収されて$\bar{A}C$になってしまう。同様に100，110もBが消されて，$A\bar{C}$だけになってしまう。

このように，成立条件：1の接触し合うところを固めて，どんどん吸収，簡略化していく方法がこの図法である。しかし，図4·9でEX-ORが出てきたように，図だけからでは読み取れないところもあるから，注意する。

カルノー図の例をあと1つ示しておく。図4·15を参考にして考えてみてほしい。4つの枠が接している場合には，2変数が消去される。

$X = \bar{A}\cdot\bar{B}\cdot\bar{C} + A\cdot\bar{B}\cdot C + \bar{A}\cdot\bar{B}\cdot C + A\cdot B\cdot C + \bar{A}\cdot B\cdot C + \bar{A}\cdot B\cdot \bar{C}$

BC\A	00	01	11	10
0	1	1	1	1
1	0	1	1	0

図より
$X = \bar{A} + C$

図4·15 カルノー図の例 (2)

[4] 基本論理素子による組み合わせ論理回路

図4·16に，カルノー図で求めた組み合わせ論理回路（図4·14，図4·15）を基本論理素子で構成した例を示す。

$X = \bar{A}\cdot C + A\cdot \bar{C}$

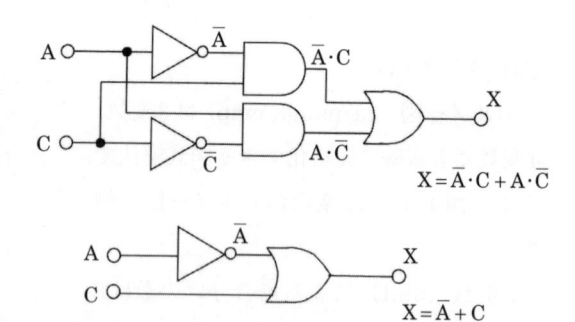

$X = \bar{A} + C$

図4·16 基本論理素子による組み合わせ論理回路

4.3 フリップフロップ

　入力信号の状態によって，出力"1・0"あるいは，"H・L"を交互に出力する回路を**フリップフロップ**（Flip Flop）という。

　フリップフロップは「シーソー」に例えられる。"ギッタンバッコン"と互いの位置が交互に上下する様子が，あたかも電圧の"H"と"L"のような印象を与えるのだろうか。私はシーソーと同時に，「信号のキャッチボール」と呼んでいる。こちらのほうが語呂がよく，フリップフロップという軽快な音にピッタリな感じがするからである。

　フリップフロップには多くの動作があり，入力信号の保持やクロックパルスの発生など，各種の信号処理回路に使用されている。また，フリップフロップは，時間的動作を考えるために，これまでの真理値表にはなかった図記号がある。図4・17に**エッジトリガ**を示す。

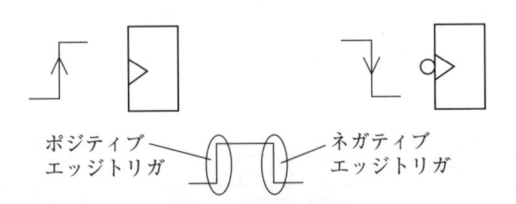

　　　　　　　ポジティブ　　　　　　ネガティブ
　　　　　　　エッジトリガ　　　　　エッジトリガ

パルスの立ち上がり，立ち下がりをエッジ（edge）と呼び，この記号をエッジトリガ（edge trigger）記号と呼ぶ。"L"から"H"あるいは"H"から"L"へ切り替わる瞬間をとらえて，信号のきっかけ（トリガ＝trigger）とする動作である。

図4・17　動作表の見方

4.3.1 RS フリップフロップ

　RSは，Reset／Setの略号である。S入力に"1"が加わると出力Qがセットされる。出力がセットされた後は，入力信号が切れても出力を保持し，R入力に"1"が与えられることにより，リセットとなる。図4・18に**タイムチャート**，動作表を示す。

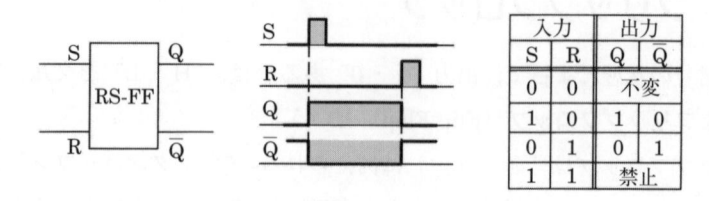

図 4・18 RS フリップフロップ

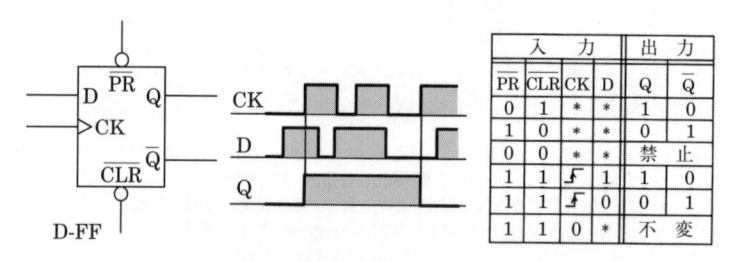

4.3.2 D フリップフロップ

D フリップフロップは Delay の略である。図 4・19 のタイムチャートを見てほしい。クロック信号の立ち上がりで，トリガをかけているが，そのときの D 入力により出力が制御される。トリガのかかったときに D が "1" ならば，出力 Q は "1"，トリガのかかったときに D が "0" ならば，Q も "0" という動作である。

クロックパルスよりも先に入った D 入力の，Q への出力を遅らせるという意味の Delay から，この D フリップの名称がついている。

図 4・19 D フリップフロップ

4.3.3 JK フリップフロップ

JK フリップフロップの名称の由来は，Jack & King だということである。さすがに，Jack&King だけあってこのフリップフロップは万能といってよいだろう。他のフリップフロップへの変換が自在で，多くの機能を備えている。

基本のタイムチャートと動作表を図 4・20 に示す。トリガのかかったときに，

① JK(1, 0) ならばQ(1)
② JK(0, 1) ならばQ(0)
③ JK(1, 1) ならばQを反転
④ JK(0, 0) ならばQを保持

が基本動作になる。

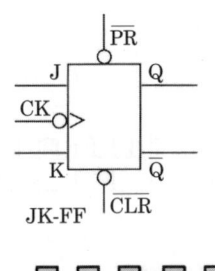

Q_nを現在の状態，Q_{n+1}を動作後の状態として考える

入力					出力	
$\overline{PR}$	$\overline{CLR}$	CK	J	K	Q_{n+1}	$\overline{Q}_{n+1}$
0	1	*	*	*	1	0
1	0	*	*	*	0	1
0	0	*	*	*	禁止	
1	1	↧	0	0	Q_n	$\overline{Q}_n$
1	1	↧	1	0	1	0
1	1	↧	0	1	0	1
1	1	↧	1	1	$\overline{Q}_n$	Q_n

図 4·20　JKフリップフロップ

4.3.4　JKフリップフロップの置換え

　これまで紹介した以上に，フリップフロップの動作には多くの種類があり，それぞれの動作を満足するICが市販されている。しかし，あらゆるICを常時揃えておくことは事実上困難だろう。図4·21にJKフリップフロップから他のフリップフロップへの変換の方法を示す。

(a) RSフリップフロップ　　(b) Dフリップフロップ　　(c) Tフリップフロップ

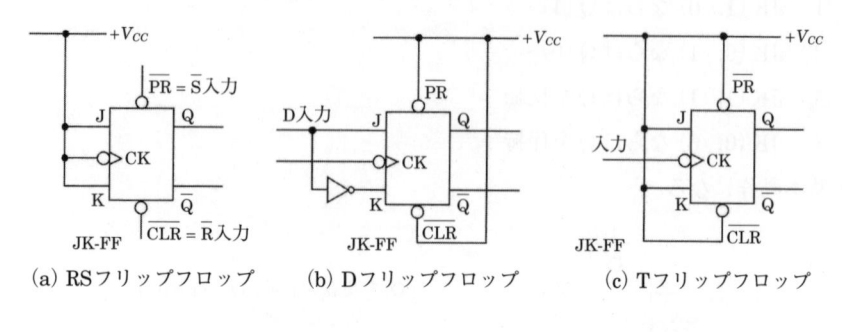

Tフリップフロップはクロックパルスを交互に出力するフリップフロップで分周器と呼ばれる。交互を表すToggleを意味する

Tフリップフロップのタイムチャート

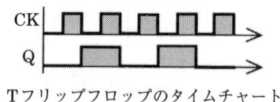

図4・21　JKフリップフロップの置換え

4.4　カウンタ

フリップフロップの出力を次のフリップフロップへ送ることにより，入力パルス数を計数する**カウンタ**（counter）ができる。カウンタは，トリガ方式の違いにより**非同期式カウンタ**と**同期式カウンタ**，計数方式により**アップカウンタ**と**ダウンカウンタ**などに分類される。

4.4.1　非同期式純2進カウンタ

図4・22に，Tフリップフロップを用いた**非同期式純2進4ビット（16進）カウンタ**の例を示す。初段のフリップフロップに与えたクロックが，1/2ずつに分周されて次の段の入力となる。各フリップフロップに入力されるクロックの同期がとれていないので，**非同期式**と呼ばれる。図のタイムチャートでは$Q_a=2^0$，$Q_b=2^1$，$Q_c=2^2$，$Q_d=2^3$に対応した出力となる。

4.4 カウンタ

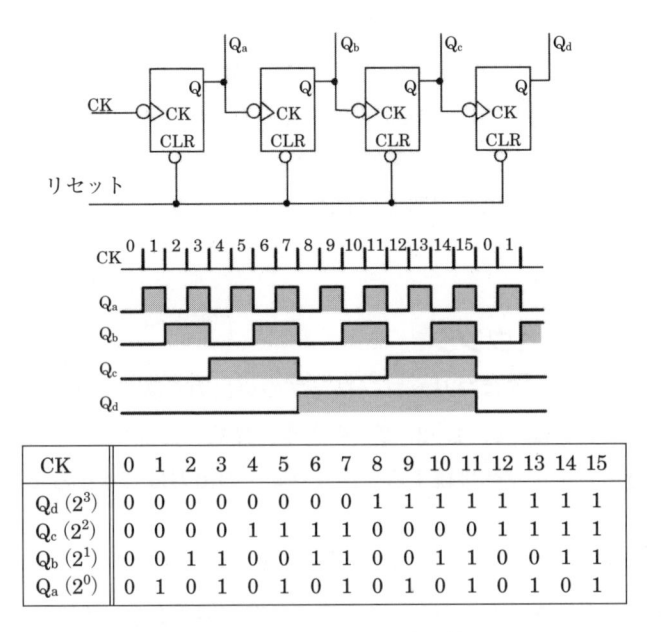

CK	0	1	2	3	4	5	6	7	8	9	10	11	12	13	14	15
$Q_d\ (2^3)$	0	0	0	0	0	0	0	0	1	1	1	1	1	1	1	1
$Q_c\ (2^2)$	0	0	0	0	1	1	1	1	0	0	0	0	1	1	1	1
$Q_b\ (2^1)$	0	0	1	1	0	0	1	1	0	0	1	1	0	0	1	1
$Q_a\ (2^0)$	0	1	0	1	0	1	0	1	0	1	0	1	0	1	0	1

図 4・22 非同期式純2進4ビット（16進）カウンタ

4.4.2 同期式純2進カウンタ

図4・23に**同期式純2進4ビット（16進）カウンタ**の例を示す。図4・22と同じ4ビットの純2進出力のカウンタであるから，タイムチャートの概略は前述のものと同様である。この回路では，フリップフロップの各段にクロック入力を同時に与えている。

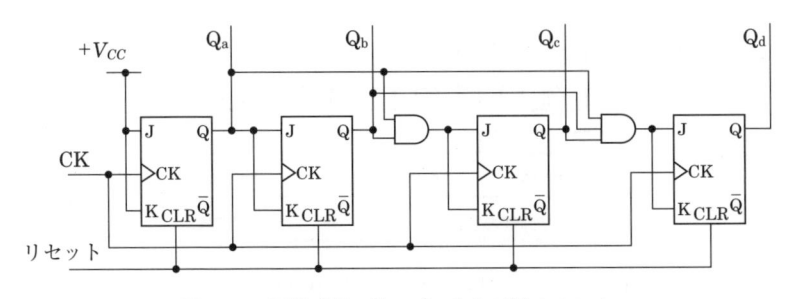

図 4・23 同期式純2進4ビット（16進）カウンタ

しかし，J，K端子への入力が前段のフリップフロップ出力の組み合わせをとっているから，重み付けされた出力信号Q_nの組み合わせにより，上位ビットが稼動状態に入る。これにより，非同期式に見られた各段の時間遅れが改善されて，タイミングのとれたカウンタ回路が構成されるのである。

図4・22および図4・23の回路ではCK入力の数をQ_a～Q_bの重み付け出力として，計数する。

4.4.3 ダウンカウンタ

これまでのカウンタはフリップフロップのQ出力を次段の入力に与えていた。このときカウントは，0，1，2，3…のように昇順であった。それでは図4・24のように，$\overline{Q}$出力を次段へ接続すると，カウンタの出力はどうなるだろう。Q出力で昇順，ならば$\overline{Q}$出力では逆の降順になる。

さて図4・24であるが，この回路の同期形式は**非同期式**である。図4・22が**非同期式アップカウンタ**であるから，この回路は**非同期式ダウンカウンタ**という。初段のフリップフロップにクロックパルスを与えると，タイムチャートに示すように2進4ビット出力を1きざみで減算した出力が得られる。

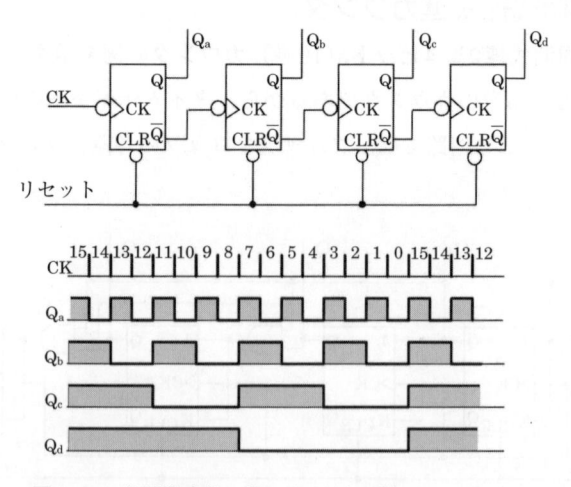

図4・24　非同期式純2進4ビット(16進)ダウンカウンタ

4.4.4　カウンタIC

カウンタ回路は，数を数えて表示するだけでなく，パルスを分配したり，間欠動作を作り出したりと，大変利用範囲の広い回路である。

出力形式の種類も限定でき使用頻度も高いため，カウンタ専用のMSIが多数市販されている。これらのMSIを用いれば，フリップフロップを多段接続することもなく，目的のカウンタ製作が可能となる。図4・25はカウンタICの1例である。

図はカウンタIC 74192のピン接続図を示す．カウンタ専用ICには，カウンタ動作を達成するための，専用の信号線が設置されている。図を例とすれば，

1. UP：アップカウント用クロック信号の入力線
2. DOWN：ダウンカウント用クロック線
3. CARRY：桁上がり用の信号線
4. BORROW：桁下がり用の信号線
5. LOAD：プリセットデータのLOAD用制御線
6. A〜D：プリセットデータ用信号線
7. O_a〜O_d：2進4ビット出力端子

また，CARRY，BORROWは，図(b)のように，次段のカウンタの，UP/DOWN入力へそれぞれ接続する。

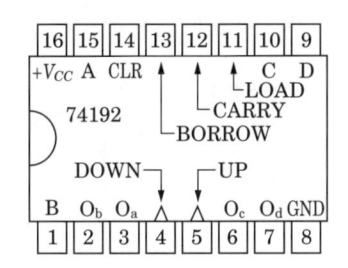

(a) 74192のピン機能

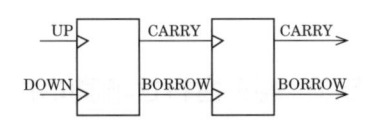

(b) 74192接続例

図4・25　カウンタICの例

4.5　エンコーダとデコーダ

ディジタルIC回路は電圧の，"H・L"を使って"1・0"を判断する。処理量が小さな場合であれば数ビットの信号で間に合うが，情報量が多い場合には，この信号は重み付けをもった2進化符号を使うようになってくる。ディジタル回路において，ある情報を2進化符号に変換する回路をエンコーダ（encoder），その逆に2進化符号から，10進数や8進数など，ほかの数体系へ変換する動作を行

うものを**デコーダ**（decoder）と呼ぶ．図4・26はエンコーダ・デコーダの概念である．実際の回路では，様々な入力条件に対応した出力が要求されるので，基本ゲート回路を組み合わせて，目的の回路を構成することも必要となる．

一方，標準的な数体系や使用頻度の高いものについては，豊富なMSIが市販されているので，これらを活用する技術も大切である．

エンコーダは，En～＋Code，すなわちコード（ここでは2進コード）へ入るための翻訳器と考えると覚えやすいと思う．デコーダは，反意語を示すDe～がCodeに付いているから，2進数の解読器ということになる．

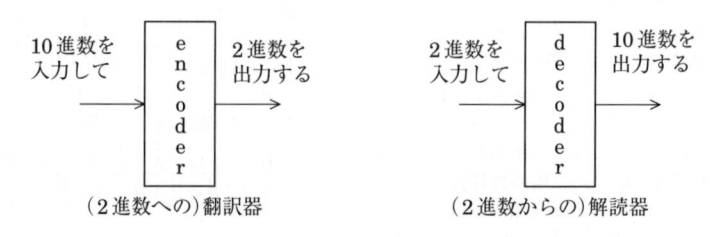

```
10進数を  ┌─────┐  2進数を      2進数を  ┌─────┐  10進数を
入力して  │encoder│ 出力する     入力して │decoder│ 出力する
 ────→   │      │ ────→        ────→  │      │ ────→
         └─────┘                      └─────┘
   （2進数への）翻訳器                  （2進数からの）解読器
```

図4・26　エンコーダ・デコーダの概念

4.5.1 組み合わせ論理によるエンコーダとデコーダ

他のディジタル回路と同様に，IC化されていない回路構成を必要とする場合は，組み合わせ論理回路を設計することになる．エンコーダはOR回路，デコーダはAND回路を基本として構成される．

［1］4入力2ビット出力エンコーダ

図4・27に0，1，2，3の4入力をA，Bの純2進2ビット出力に変換するエンコーダの例を示す．出力A，Bは2の重みをもった2進出力に対応をさせる．まず，0～3までの4つの入力に対する出力の真理値表を作って，出力A，Bがそれぞれ"1"となる組み合わせを求める．図は基本ゲートで構成した例である．

図4・28は6入力3ビット出力エンコーダである．図4・27を参考にして真理値表を作ってみよう．

4.5 エンコーダとデコーダ

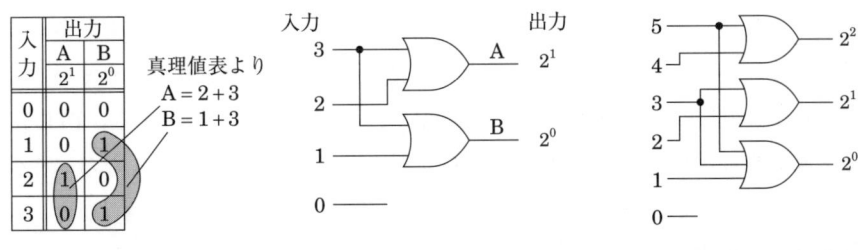

入力	出力	
	A 2^1	B 2^0
0	0	0
1	0	1
2	1	0
3	0	1

真理値表より
A = 2 + 3
B = 1 + 3

図4·27 4入力2ビット出力エンコーダ

図4·28 考えてみよう

[2] 2ビット入力4出力デコーダ

図4·29にA, B純2進2ビット入力を0～3の出力へ変換するデコーダの例を示す。前述のエンコーダと同様に, 2入力：AおよびBに対する真理値表から, 出力0～3が"1"となる組み合わせを求める。そして同様に基本ゲートを用いて回路を構成する。

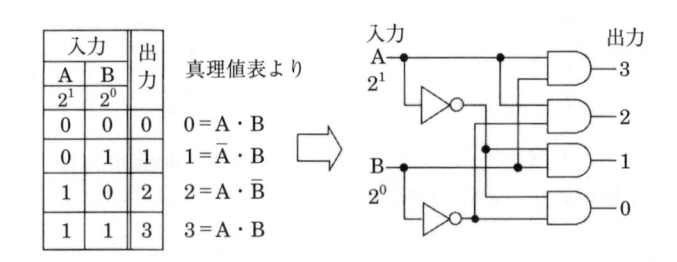

入力		出力
A 2^1	B 2^0	
0	0	0
0	1	1
1	0	2
1	1	3

真理値表より
$0 = \bar{A} \cdot \bar{B}$
$1 = \bar{A} \cdot B$
$2 = A \cdot \bar{B}$
$3 = A \cdot B$

図4·29 2ビット入力4出力デコーダ

2進数の並びに慣れるつもりで, 図4·30の回路の動作表を作ってみてほしい。2の重み付け入力A, B, Cに対応する0～7までのうち, 1つに出力するエンコーダである。

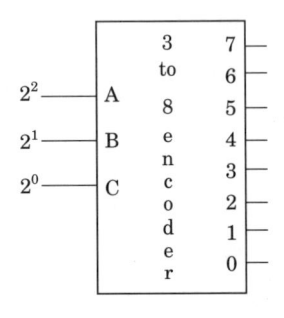

図4·30 3 to 8 encoder

4.5.2　エンコーダ，デコーダICの例

　エンコーダ，デコーダはビット数が増えると，使用する素子数も大変多くなくる。基本ゲートICは，1パッケージに同種類の素子が複数個格納されているので，異なる種類のICを用いる場合は複数個のパッケージを必要とする。TTL-ICは電流消費量が高いため，専用ICを有効に使って，パッケージ数をなるべく少なくしたいものである。次に，エンコーダ，デコーダICの例を紹介する。

[1]　エンコーダIC

　図4・31に10入力純2進4ビット出力のエンコーダMSIを示す。エンコーダおよびデコーダICでは，10 to 4，8 to 3などのように，「入力信号数 to 出力信号数」などの機能を表す表記が行われる。

　図4・31の74147というICは，"2"と"5"の入力ピンに同時に，信号を与えた場合は，"5"が出力される。このような変換機能を**上位優先**（priority）と呼び，多くのICが用いている。また，MSIの多くが負論理であるように，このエンコーダも負論理を用いている。

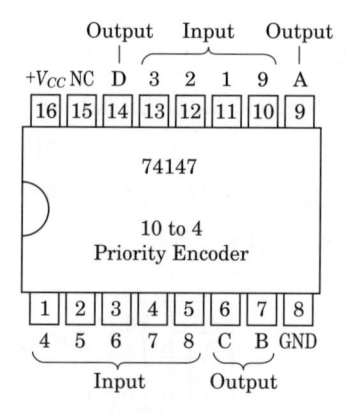

図4・31　decimal-to binary encoder

[2]　デコーダIC

　図4・32にBCD入力10進出力デコーダMSIの例を示す。デコーダMSIは，7セグメントLEDのような表示装置に接続されることが多いために，2進入力を変換するだけのものをはじめとし，次段に接続される表示装置などを直接駆動するドライバ機能を併せもったものまでいろいろある。

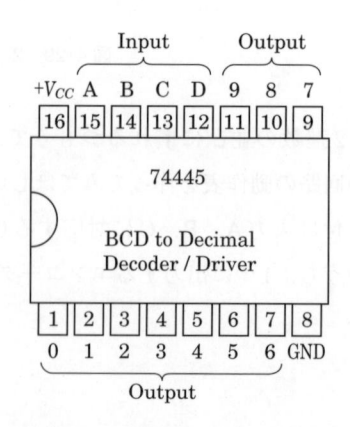

図4・32　O.C BCD to Decimal Decoder

4.5 エンコーダとデコーダ

図4·32の74445は後者のもので，Decorder／Driverと呼ばれる。4入力：ABCDが2の重み付け入力となって，0～9までの10出力のうち，重み付け2進数に対応する1箇所に出力する。7セグメントLEDを直接駆動するDriverICには，カウンタ・デコーダ・ドライバをIC化したものまで市販されている。

ここで簡単なディジタルテスタを考えてみよう。図4·33は緊急の必要から作ったものであるから，あまりお薦めできないが，それなりに重宝はしている。組み合わせ回路の復習には，手頃かもしれない。1本の入力線に，"H"か"L"を与えたとき7セグメントLEDを"H"，"L"に点灯させる回路である。

IN OUT	H	L
a		
b	1	
c	1	1
d		1
e	1	1
f	1	
g	1	

まずは動作表を作ることから始まる。
aは使わない。
b～gを"1"にする信号の組み合わせを基本回路に置き換えてやる

ICの負担を考えると，後述のシンクロードドライブを使用するほうが良い

$R = 330 \sim 500\,\Omega$

カソードコモン7セグメントLED

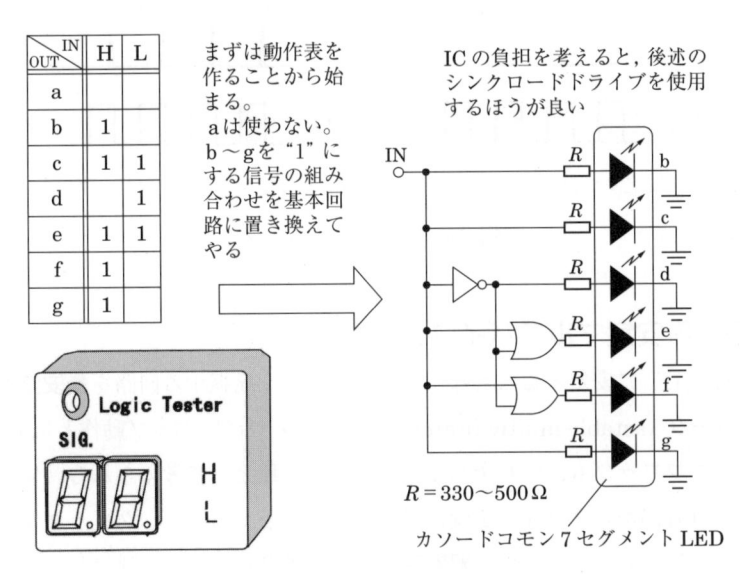

図4·33 Logic Tester

では，パルスのような"H・L"交番の信号に対してはどうかというと，"8"になってしまう。けれども，「これがパルス！」と割り切ってしまえば，実用には支障ない。ICパッケージはNOTとORの2つが必要であるから，同じものを2回路作ってセグメントを2現象にした。

4.6 マルチバイブレータ

これまで何度も出てきたように基準クロックやトリガ信号に用いられる方形波を**パルス**（pulse）と呼ぶ。パルスはシステム全体の同期をとったり，回路の時間制御など，重要な役割を果たしている。パルスを作り出すには様々な方法がある。

マルチバイブレータ（multivibrator）と呼ばれる回路はパルスを発生したり，時間遅れを作ったり，マルチに活用できる発振器である。

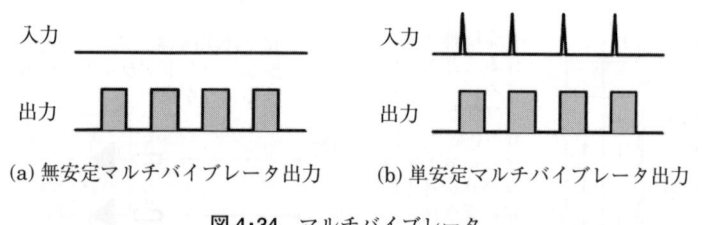

(a) 無安定マルチバイブレータ出力　　(b) 単安定マルチバイブレータ出力

図 4・34　マルチバイブレータ

4.6.1　無安定マルチバイブレータ

"L"や"H"に安定することなく，常に方形波を発振する回路を**無安定マルチバイブレータ**（astable multivibrator）と呼ぶ。フリップフロップ動作と似ている。

フリップフロップも，マルチバイブレータの一種として考えられる。フリップフロップは外部からクロックを受けて動作する素子であった。クロックが切れると，どちらにでも安定するので**双安定マルチバイブレータ**とも呼ばれる。

無安定マルチバイブレータは発振器である。この節ではディジタル回路について話を進めているが，マルチバイブレータは，コンデンサの充放電を利用したアナログ回路である。

[1] トランジスタの無安定マルチバイブレータ動作

図4·35にトランジスタによるマルチバイブレータの動作原理図を示した。

第2章の汎用部品に関してのコンデンサの動作を思い出してほしい。わかりやすいように箇条書きで，説明してみる。

Tr_1がON, $I_{c1} > I_{c2}$ $(= \Delta I_1)$ とすると，

① V_{c1}は$R_{c1} \cdot \Delta I_1$だけ低下
② C_2を経由してV_{b2}も同様に低下
③ ベース電流が低下→I_{c2}低下→V_{c2}上昇
④ C_1を経由してV_{b1}上昇
⑤ I_{c1}増加→I_{c1}飽和
⑥ $V_{b2} = -V_{cc}$→Tr_2OFF→I_{c2}ゼロ
⑦ R_{b2}を経由してC_2放電→V_{b2}ゼロ
⑧ I_{c2}上昇→V_{c2}低下
⑨ C_1を経由してV_{b1}も低下
⑩ I_{c1}低下→V_{c1}上昇
⑪ C_2を経由してV_{b2}上昇
⑫ I_{c2}上昇→I_{c2}飽和
⑬ $V_{b1} = -V_{cc}$→Tr_1OFF→I_{c1}ゼロ

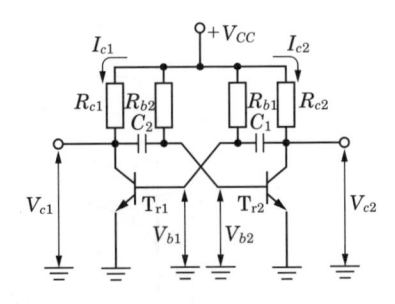

図4·35 トランジスタの無安定マルチバイブレータ動作

ということなのである。

汎用部品で構成するマルチバイブレータとして，ほかにもトランジスタをゲートICに置き換えたりする回路もあるが，ここでは割愛する。

図4·35から，マルチバイブレータではコンデンサと抵抗が，重要な働きをしていることがわかる。マルチバイブレータに限らず，コンデンサ・抵抗は，回路

動作を決定する大きな要素なのである．図4・36は各部の電圧波形を示している．

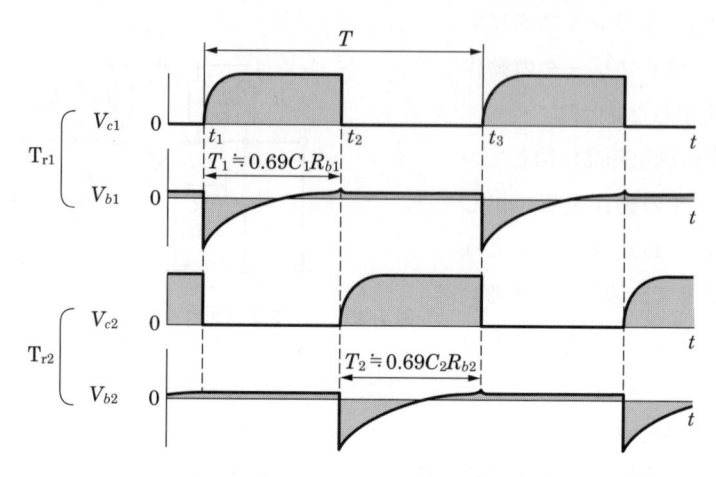

図4・36 無安定マルチバイブレータの波形

[2] タイマICによる無安定マルチバイブレータ回路の例

図4・37に**タイマIC**を用いた，無安定マルチバイブレータ回路を示す．

オリジナルがシグネティクス社のNE555というICは，少ない外付け部品で，容易に発振回路を構成できるため，発振器用の標準的なICとされて，各メーカーからセカンドソースが供給されている．図中のタイムチャートで，出力が

$$f \fallingdotseq \frac{1.44}{(R_A + 2R_B)C}$$

$$D = \frac{T_h}{T_h + T_l} = \frac{R_A + R_B}{R_A + 2R_B}$$

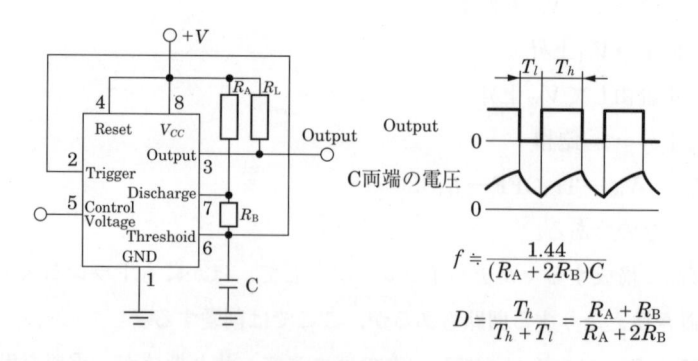

図4・37 無安定マルチバイブレータ

High レベルの時間を T_h, Low の時間を T_l とするとき,
$$T_h \fallingdotseq 0.693\ (R_A+R_B)\cdot C \ \text{および}\ T_l = 0.693 R_B \cdot C$$
となり, 発振周波数 f は,
$$f \fallingdotseq \frac{1.44}{(R_A + 2R_B)C}$$

デューティ比 D は,
$$D = \frac{T_h}{T_h + T_l} = \frac{R_A + R_B}{R_A + 2R_B}$$

となる。

4.6.2 単安定マルチバイブレータ

単安定マルチバイブレータ (monostable multivibrator) は, シングルショット (singleshot) とも呼ばれ, 一定時間, 単発のパルスを発生する回路である。これも, 前述の無安定マルチバイブレータと同様にコンデンサの充放電を利用するが, 外部からのトリガ入力に対しての積分動作を利用している。

[1] NAND 素子による単安定マルチバイブレータ
 ① 図 4·38 において G_1 の入力端子 1 に分圧電圧 (2V 程度以上) を与えて常に "H" にしておけば G_1 出力は常に "L" となる。
 ② 入力が "H" から "L" に変わった瞬間だけ, 入力端子 1 が "L" となって, G_1 出力が "H" になる。
 ③ G_1 から "H" が出力され, コンデンサ C を通って R に電流が流れることにより G_2 が "L" に保持される。
 ④ C への充電が終了すると, G_2 出力が "H" となり, G_1 の入力端子 2 も "H" となって, G_1 出力は, 元の "L" へ戻って安定する。

(a) (b)

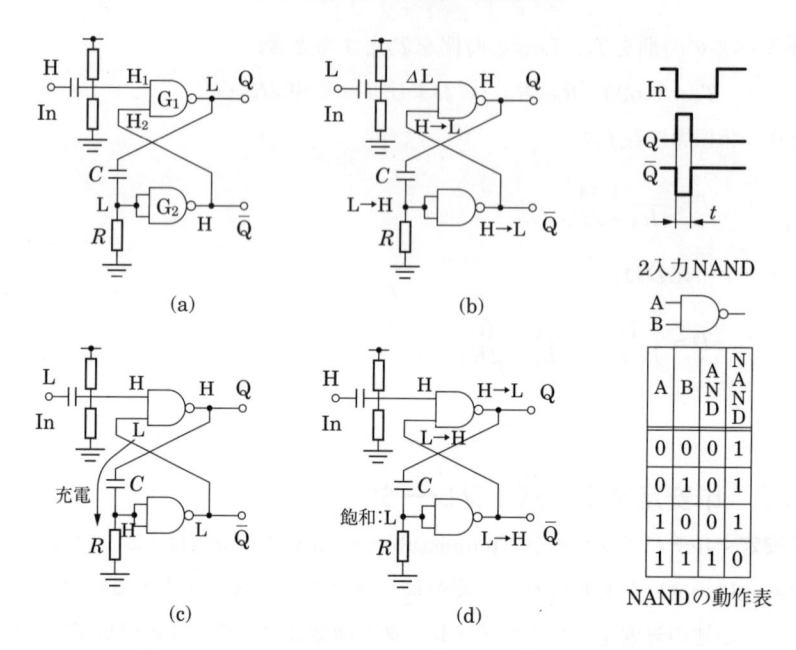

2入力NAND

(c) (d)

NANDの動作表

A	B	AND	NAND
0	0	0	1
0	1	0	1
1	0	0	1
1	1	1	0

図4・38　NANDゲートによる単安定マルチバイブレータ

[2] 単安定マルチバイブレータIC

　市販の単安定用マルチバイブレータICを用いると，少ない外付け部品で正確な単発パルスが発生できる。図4・39に単安定マルチバイブレータIC：74123を示す。出力の時定数tは，外付けのCとRの積により決定される。このICは，1パッケージに2つの回路を内蔵している。

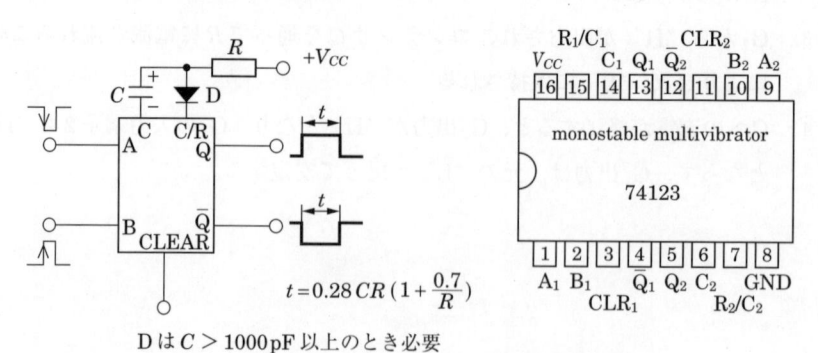

$$t = 0.28\,CR\left(1 + \frac{0.7}{R}\right)$$

Dは$C > 1000\,\mathrm{pF}$以上のとき必要

図4・39　単安定マルチバイブレータIC（74123：2回路内臓）

[3] タイマICによる単安定回路マルチバイブレータ回路の例

図4·40に単安定マルチバイブレータ回路を示す。コンデンサCは放電されているものとする。トリガ端子にトリガパルスが入力されると，出力は"H"になる。コンデンサCは抵抗R_Aを通して，時定数$\tau = R_A \cdot C$で充電され，Cの両端の電圧がスレッショルド電圧に達するとフリップフロップがリセットされて，Cが放電し，出力は"L"に戻る。出力パルス幅t_wは，およそ$t_w = 1.1 R_A \cdot C$となる。

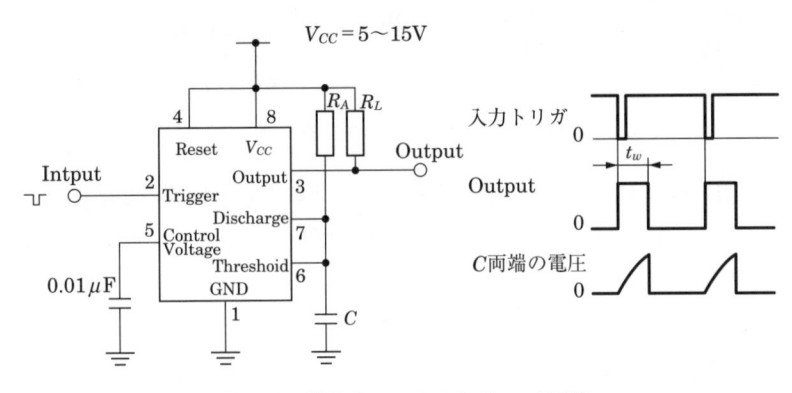

図4·40 単安定マルチバイブレータ回路

4.7 IC使用上の注意点

ディジタルICを使う場合に，注意しなければならない点がいくつかある。ここでは，それら取扱い上の留意点に重点を置いて考えてみよう。

4.7.1 未使用入力端子の処理

ICの未使用入力端子をそのままにしておくと，ノイズを拾ったり，誤動作の原因となる。図4·41のような処理をする習慣をつけておく。

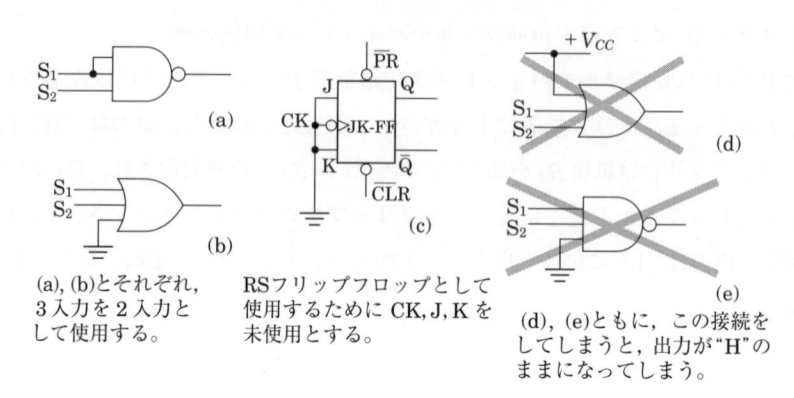

(a), (b)とそれぞれ，3入力を2入力として使用する．

RSフリップフロップとして使用するために CK, J, K を未使用とする．

(d), (e)ともに，この接続をしてしまうと，出力が "H" のままになってしまう．

図4・41　未使用入力端子の処理

　特にTTL-ICの入力端子は，高インピーダンスのため未接続のまま浮かせておくと，"H" とみなされてしまう．これを**オープンハイ**という．接続がないから "なし"，"なし＝ゼロ"，とは思わないでほしい．

4.7.2 信号の与え方

　ディジタルICの入力端子には，"L" あるいは "H" の信号を確実に与えなくてはならない．また，TTL-ICは，電源電圧と同様に入力信号レベルの許容範囲も厳密なため，信号レベルの調整も必要となる．ノイズは誤動作の原因となるため，カウンタ回路などにおいては，機械的スイッチによる**チャタリング**（chattering）を除去することも必要になる．

　図4・42(a)は入力に "H" が与えられたときに作動するので，入力のないときは，常に "L" にしておく．このような入力信号を**アクティブハイ**（active high）という．図(b)は(a)の反対で，**アクティブロー**（active low）という．図(c)のようにすると**オープンハイ**（open high）で，"H" のままである．図(d)はTTLへの入力信号電圧を，$0 < e < +V_{cc}$ のように調整する．図(e)はコンデンサの積分動作により，機械式スイッチのチャタリングを吸収している．図(f)も(e)と同様にチャタリングの除去を行うが，RS-FF動作を利用している．

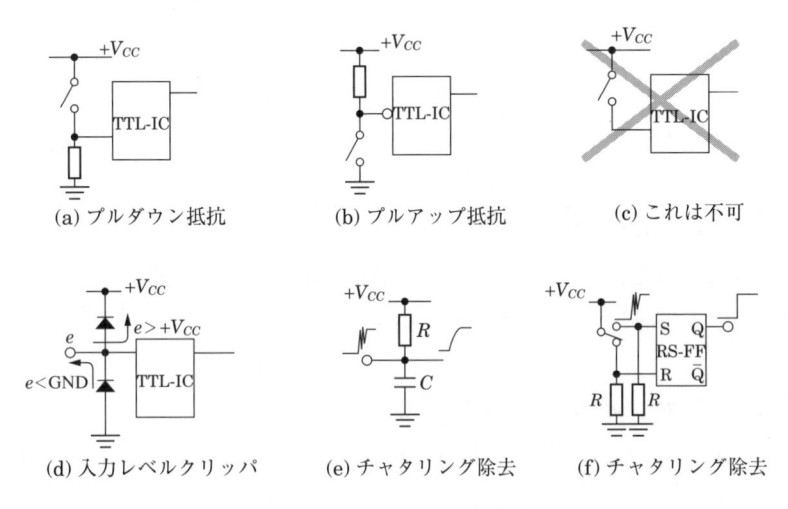

図 4・42　IC への信号の与え方

(a) プルダウン抵抗
(b) プルアップ抵抗
(c) これは不可
(d) 入力レベルクリッパ
(e) チャタリング除去
(f) チャタリング除去

4.7.3　オープンコレクタ IC と結線論理

TTL-IC の出力段トランジスタのコレクタが，図 4・43(b) のように IC 内部でどこにも接続されずに，出力端子に接続されているだけのものがある。このような IC を**オープンコレクタ IC**（open collector IC）と呼ぶ。

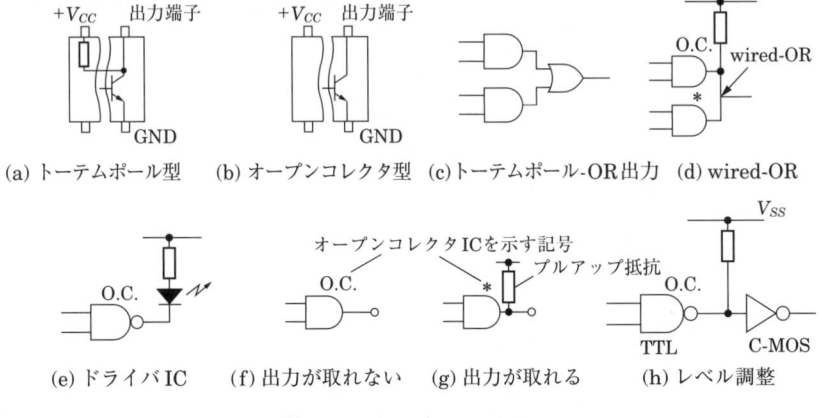

(a) トーテムポール型
(b) オープンコレクタ型
(c) トーテムポール-OR 出力
(d) wired-OR
(e) ドライバ IC
(f) 出力が取れない
(g) 出力が取れる
(h) レベル調整

図 4・43　オープンコレクタ IC

オープンコレクタICから出力電圧を取り出すには，図4·43(g)のように**プルアップ抵抗**を必要とする。また，通常のTTLでは，出力端子同士を直接結線できないが，オープンコレクタICでは，これが可能である。図4·43(d)のようにした論理を**結線論理**（wired logic）と呼ぶ。

通常のトーテムポール出力ICでは電源電圧以外の電圧出力を出せないが，オープンコレクタICではコレクタに自由な電源を供給できるので，電圧レベルのインタフェースとしても使用できる。MIL記号では，素子記号のそばに"＊"や"O.C."と併記して，種別を表している。

4.7.4　ファンイン・ファンアウト

1つのICに入力できる信号の数を**ファンイン**（入力分岐数：fan-in），1本の出力端子から外部へ接続できる出力の数を**ファンアウト**（出力分岐数：fan-out）と呼ぶ。ファンインは，ICの端子構造によって決定され，ファンアウトは入出力の電流特性によって決定される。TTL74LS00を例とした計算例を図4·44に示す。

7400は，出力"1"のとき出力電流=0.4mA=400μA，入力"1"を保証する電流は，20μAである。

$$\therefore \text{ファンアウト} = \frac{400}{20} = 20\text{本}$$

同様に，出力"L"のとき外部から流入可能な電流は8mA，入力端子"L"における流出電流は0.4mAである。

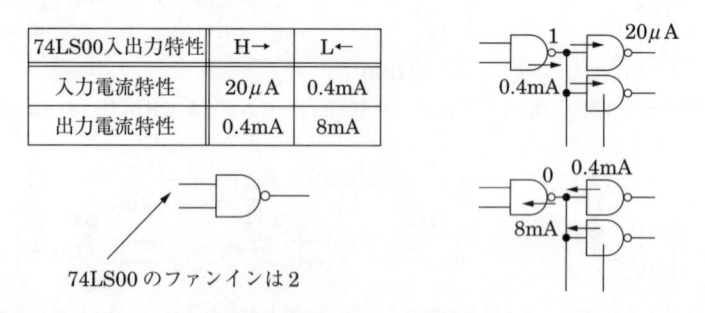

74LS00入出力特性	H→	L←
入力電流特性	20μA	0.4mA
出力電流特性	0.4mA	8mA

74LS00のファンインは2

図4·44　ファンイン・ファンアウト

4.7　IC使用上の注意点

$$\therefore \text{ファンアウト} = \frac{8}{0.4} = 20 \text{本}$$

となって，この場合1本の出力端子に接続できる，相手方の入力数は最大20本となる。ファン（Fan）は，図4・45のように接続線が扇のように広がることから命名された。

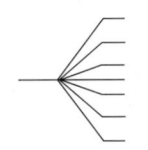

ファン (fan) は，接続線が扇のように広がることから命名された

図4・45　ファンは扇

4.7.5　ノイズマージン

図4・46のようにTTL-ICの出力が，"1"のときが2.4V以上，"0"のときは0.4V以下が保証されているとする。一方，入力は1.9V以上で"1"，1V以下で"0"と認識するよう保証されているものとすれば，入力と出力の間には十分な余裕が見込まれることになる。このように入力と出力の間に余裕を与えておけば，誤動作の防止は万全である。

この余裕を**雑音余裕度**（ノイズマージン：noise margine）と呼ぶ。

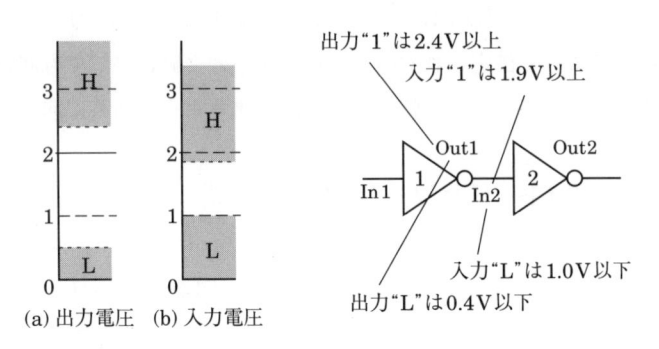

出力"1"は2.4V以上
入力"1"は1.9V以上
入力"L"は1.0V以下
出力"L"は0.4V以下

(a) 出力電圧　(b) 入力電圧

図4・46　TTL-ICのノイズマージン

4.7.6　スレッショルド電圧

図4・47にTTL-ICとCMOS-ICのNOTゲートの入出力特性例を示す。入力電

(a) ゲートICの入出力特性   (b) CMOS-ICの入出力特性

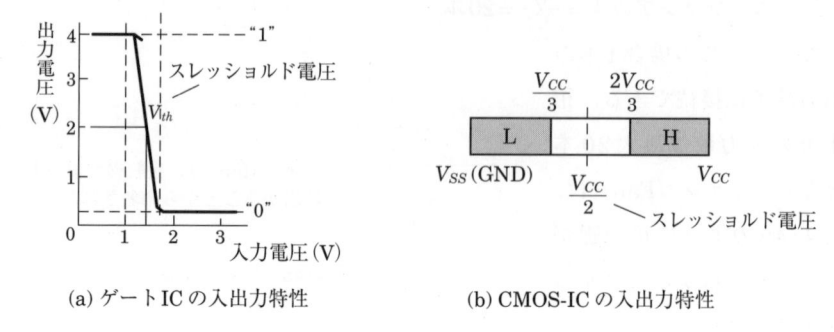

図4・47 ディジタルゲートICの入出力特性

圧がある値以上になると，出力が急激に反転している。このときの入力電圧 V_{th} を**しきい値電圧**，あるいは**スレッショルド電圧**（threshold voltage level）と呼ぶことは，オペアンプのところで前述している。

この値は，TTL-ICでは約1.4V程度で固定されている。おもしろいのはCMOS-ICである。このICは電源電圧，約3〜16V程度と広い範囲で動作可能である。出力電圧は，電源電圧 V_{CC} に対して，出力"0"のとき $V_{CC}/3$ 以下，出力"1"のとき $2\cdot V_{CC}/3$ 以上，スレショールド電圧は $V_{CC}/2$ となる。

図4・47のように，CMOS-ICの電源電圧は幅が広く，入出力のスレッショルドも電源電圧によって決定されるので，電源電圧の変動に対しても回路動作の安定度が高く，消費電流も低く，乾電池を電源とするような回路に向いている。

4.7.7　シンクロードとソースロード

ファンイン・ファンアウトの項でも見たように，ICの入出力端子は，信号の方向により許容できる電流の値が大きく異なる。図4・48に74LS00という2入力NAND素子の入出力電流の例を示す。出力端子電流に着目すると，出力"H"のとき，ICから外部へ流せる電流は0.4mAである。出力"L"のとき，外部からICへ流せる電流は8mAである。同じ端子でもICから電流を流す場合と，ICへ電流を流し込む場合とでは20倍の違いがある。

4.7 IC使用上の注意点

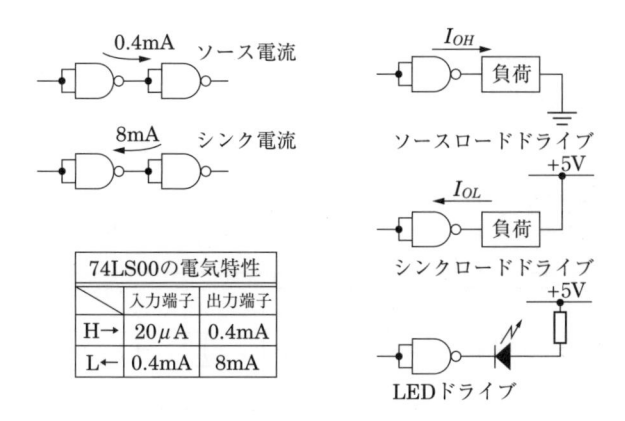

図4·48 負荷の接続方法

74LS00の電気特性	入力端子	出力端子
H→	20μA	0.4mA
L←	0.4mA	8mA

元来，ロジックICは，論理処理を行う素子であるから，電流を必要とする負荷を直接駆動するような使用法は避けるべきである。どうしても軽負荷を直接駆動したいときには，負荷電流を吸い込む方向で接続することが必要だろう。

負荷の接続に関しては，ICの入出力特性を十分理解しておく必要があると思う。

4.7.8 基本ゲートICの置換え

組み合わせ論理回路を設計した場合，数種類の異なる論理素子が混在することになる。市販ICはゲートICの場合，1パッケージに複数個の素子要素が格納されている。当然，余ったり，あるいはパッケージの数が増えてしまうなどのことが考えられる。TTL-ICの消費電力は思いのほか大きいから，ICの駆動電源だけでも相当の容量を必要とする場合も生じてくる。このようなことから，論理回路の簡略化が必要となる。それともう1つ，「素子の置換え」という手段がある。

パッケージのなかで余った素子があれば，それを代用して他のゲートの役目をさせるという方法である。積極的に使う必要はないと思うが，ICの実装技術として効果を発揮する。図4·49は基本ゲートをNANDとNORによる方法を示している。

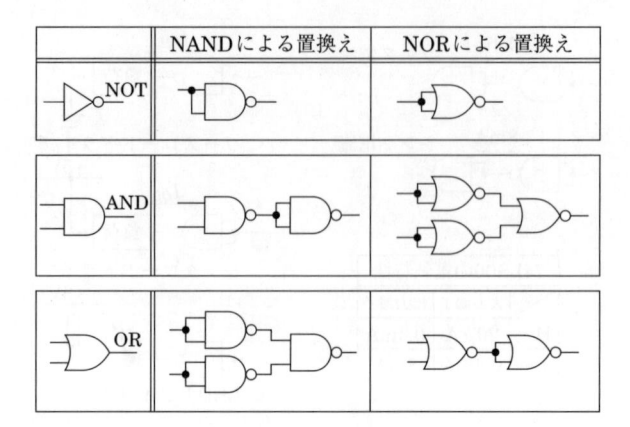

第4章 ディジタル回路の基本素子

	NANDによる置換え	NORによる置換え
NOT		
AND		
OR		

図4・49 基本ゲート回路の置換え

第5章　メカニズムの基礎

「メカトロニクスは，機械技術と電子制御技術の融合された技術である」といわれる。電子制御技術は多くの書物で紹介され，専門分野以外の初学者にも適切な入門書が数多く目につく。電子技術は広範な分野を含んでいるが，それでも生活の中に浸透しやすい部分があり，専門外の初学者でも興味をもちやすいのかもしれない。一方，機械技術は，機械工学と呼ばれる技術分野が，特別な生産技術や大型の工作機械など，およそ日常生活では接することのない分野での学問・技術と思われがちなのか，初学者の入門書として手ごろな書物を探そうとすると，なかなか容易ではないことに気がつく。本章では，主として機械の動作に関する**機構**(mechanism)について考える。

5.1　メカニズムと運動

機械の定義の1つに，「機械を構成する各要素が限定された運動を行うこと」という条件がある。機械の運動は，入力と出力が常に1：1に対応して，「このときには，こう動く」と，決まっているのが理想なのである。図5・1は最も身近なメカニズムの例である。自動車や自転車，オートバイなどは自由に道を走ることのできる道具であるが，機械として見た場合には各部品・各要素が拘束された運動（決まった運動）を行っているのである。

図 5・1　身近なメカニズム

5.1.1 対偶と機構

　機械も分解に分解を重ねていくと，最後は単体の部品になり，これを**要素**(element) という。単体では機械を構成することはできないから，最低限の単位として，複数の要素が互いに接触して，限定された運動を行う組み合わせを考えることにする。この組み合わせを**対偶**(pair) と呼ぶ。さらに，対偶の組み合わされたものを**機構**(mechanism) と呼び，機械の運動を伝達したり，動作の変換などを行う基本の構成要素となる。一見，複雑な動作を行う機械も，その機構のみに着目すると構造が理解しやすくなる。

　図5・2(a)は，**すべり軸受け**(plain bearing) などの例である。互いの要素が面で接触しすべっているので，このように呼ばれる。軸方向の対偶を**すべり対偶**(sliding pair)，円周方向の対偶を**回り対偶**(turnig pair) と呼ぶ。図(b)は，回転することによって直動を生む送り機構の例で，**ねじ対偶**(screw pair) と呼ばれる。単純な構造であるが，応用価値が高く，工作機械の送り機構などに使われている。図(c)は接触点でのすべりをゼロとしたとき，極めて摩擦の小さな対偶となる。ボールベアリングなどはこの応用で，**ころがり対偶**(rolling pair) と呼ぶ。図(d)は，いくつかの対偶を組み合わせた機構で，回転と他の運動との変換を行う**リンク装置**(link motion) の例である。

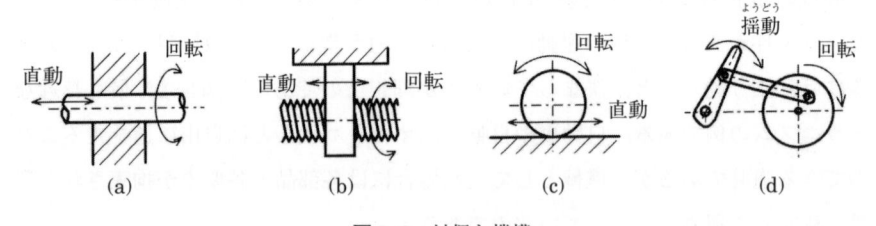

図5・2　対偶と機構

　図(a)〜(c)までの対偶は，これらを組み合わせて，はじめてメカニズムの素になるのである。プリンタなどの小型OA機器はこれらの対偶や機構をコンパクトにまとめたメカニズムの身近な例である。

5.1.2 運動の伝達と変換

運動は，与える側と受ける側があって，はじめて**伝達・変換**(transformation)される。与える側を**原動節**(driver)と呼び，受ける側を**従動節**(follower)と呼ぶ。

図5・3(a)は，摩擦車や歯車を簡略化して示した例である。原動節と従動節では回転の向きと回転の速さが変換される。図(b)は，ベルトまたはチェーン伝動の例で，原動節と従動節の間で回転速さが変換される。自転車が最も身近な例である。図(c)は図(b)と同じ装置であるが，原動節と従動節を連接するベルトやチェーンに着眼すると，回転運動から直線運動に変換する装置と考えることができる。ベルト搬送機やプリンタ装置の印字ヘッドなどに応用されている。

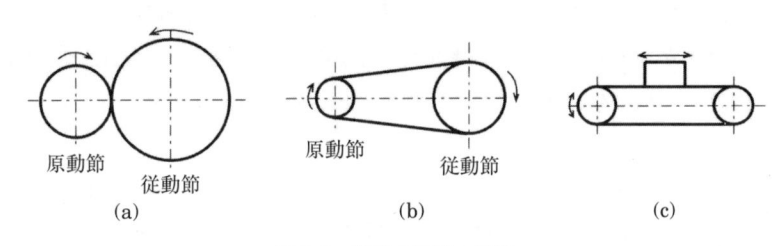

原動節 従動節
(a)

原動節 従動節
(b)

(c)

図5・3 運動の伝達と変換

5.1.3 運動の分類

メカニズムは最終的に何かを動かすことを目的としている。ものの動きを適切に整理すると，複雑なメカニズムも基本的な構成要素の集合として考えることができるようになる。複数の要素が直接に運動の受け渡しをするには，互いに接触していることが必要である。これらの観点から運動を分類すれば，図5・4に示すように，数種類に限定される。

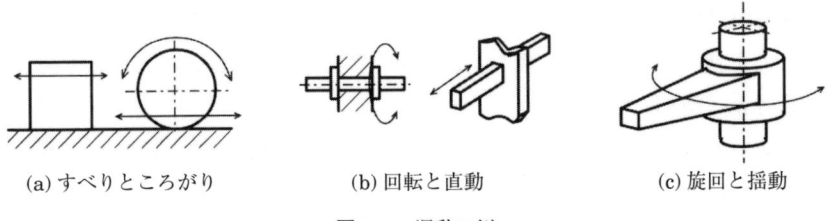

(a) すべりところがり   (b) 回転と直動   (c) 旋回と揺動

図5・4 運動の例

複数の要素が面あるいは点で接触しながら運動するとき，その接触面または接触点に相対速度の起こる接触を**すべり接触**（sliding contact）と呼び，互いの要素の間に相対速度の生じない接触を**ころがり接触**（rolling contact）と呼ぶ。また，接触体の運動の方向性に着眼すると，機構を構成する代表的な運動として**回転**（rotation, revolution），**直動**（liner motion），**旋回**（gyration）と**揺動**（shaking, swing）などに分類できる。

図5・4で分類した基本的な運動を図記号にしたものに**ロボット図記号**がある。図5・5のように運動の形態だけを示すもので，外観や形状にかかわらず機構を簡明に表すことができる。人間の動きをまねた機械を構成するのに，最低限必要と思われる箇所だけの「骨組み」を示してみた。骨組みだけであるから，これを動かすためのメカニズムはいっさい考えていない。こうすると，どこにどんな駆動装置を付けて，どんなメカニズムにしようかというのが考えやすくなるであろう。

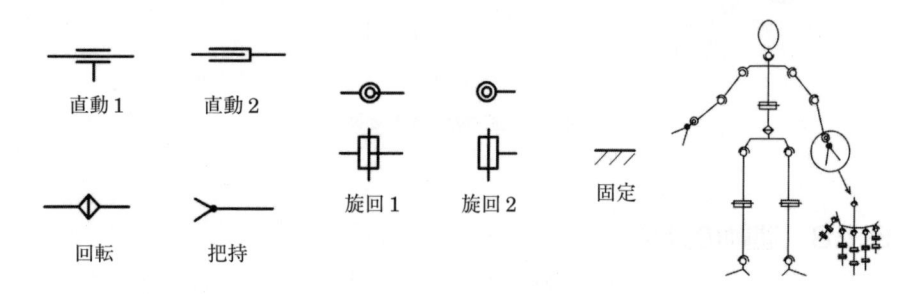

図5・5 ロボット図記号

5.1.4 回転中心と瞬間中心

[1] 回転中心

図5・6(a)は任意の物体を状態①から状態②へ移動する経過を示している。メカニズムを使って，物体の位置を①から②へ移動させるにはどのような方法があるだろうか。図(a)で，

① 点Pか点Qのどちらか一方をP′あるいはQ′まで移動してから必要な角度だけ傾ける。

5.1 メカニズムと運動

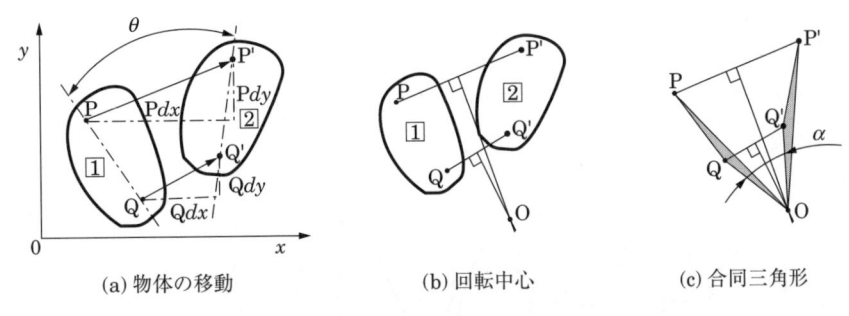

(a) 物体の移動　　　(b) 回転中心　　　(c) 合同三角形

図 5・6　物体の移動と回転中心

② 上記の①とは逆に，はじめに必要な角度だけ傾けてから，②へ移動する。
③ 位置①から②へ1回で移動させる。

などが考えられるが，①と②の方法はこれまでの運動の分類のなかで，直線移動と回転を交互に行うことで実現できる。また，機械の動作からすると最も容易である。③は，図5・6(b)に示す回転の中心Oを求めることによって実現できそうである。人間ならば適当に位置①から②へ一瞬にものを動かすことができるかもしれないが，メカニズムでこれを行うには次の手順が必要となる。

図(b)で，直線P–P′及びQ–Q′の垂直二等分線の交点をOとする。点Oを**回転中心**(center of rotation)と呼び，ここを中心として物体を回転させると，位置①から②までの移動が回転だけで可能になる。これを次のように考えてみる。図(c)で△POQと△P′OQ′は3辺が等しいので合同である。

$$\triangle POQ \equiv \triangle P'OQ' \text{から} \angle POQ = \angle P'OQ' \quad \cdots\cdots (1)$$

$\angle QOQ' = \alpha$ とすれば，

$$\angle POP' = \alpha - \angle POQ + \angle P'OQ' \quad \cdots\cdots (2)$$

ここで，式(1)から，

$$\text{式}(2) = \alpha = \angle QOQ' \quad (\triangle POP' \text{と} \triangle QOQ' \text{は相似})$$

となって，P→P′とQ→Q′への回転角が等しいことがわかる。回転角が等しいということは，点P，Qから点P′，Q′への移動が同時間で行えるということであるから，点Oを中心とすれば，この移動が回転だけで可能であるといえる。

[2] 瞬間中心

図5·7(a)の移動量dx, dyを，どんどん小さくする（これを微分操作という）と，その極限では回転中心は，図(c)に示すように点P，Qのベクトルに対する垂線の交点として考えることができる。

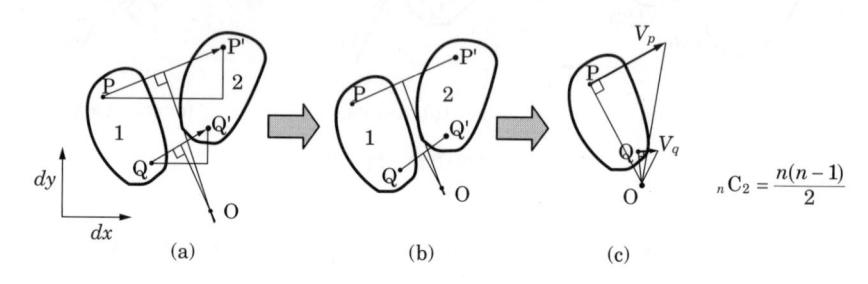

図5·7 瞬間中心

この点は，運動途中の瞬間における回転中心と考えられるので，**瞬間中心**（instantanueous center）と呼ばれる。

この瞬間中心がどのように使われるかというと，先ほどの回転中心の三角形相似の結果から，$V_p : V_q = $ PO : QO ということになる。

例えば，図5·7(c)で点Pの速さがわからなくても，移動の向きがわかっていて，点Qの速度ベクトルがわかれば，速度V_pを求めることができる。その逆の場合も同様である。また，相対運動を行う物体については，2つの要素に対して1つの瞬間中心が成立することから，n個要素の組み合わせから構成される機構には，${}_nC_2 = \{n(n-1)\}/2$個の瞬間中心が存在するといえる。また，瞬間中心は相対回転運動における回転の中心であるから，瞬間中心自体の相対速度は"ゼロ"になる。

5.1.5 瞬間中心を使ってみる

前項で回転中心と瞬間中心の定義を理解したところで，ここではこれを使って運動体の様子を調べてみよう。運動の問題は，身近ないたるところで経験することができる。

5.1 メカニズムと運動

「相対運動を行う物体の任意の点における速度ベクトルの大きさは，瞬間中心からの距離に比例し，その点と瞬間中心を結ぶ直線に対して，垂直な方向に作用する」と覚えてほしい。

今，電車に乗っており，その速度を $V=60$ km/h とする。

「今，あなたの速度はどれほどか？」という設問には答えにくいと思う。「乗っている電車の床に対する速度はいくらか？」あるいは，「レールに対する速度はいくらか？」，「すれ違う列車に対する速度は？」，「線路沿いの道を併走する自動車に対する速度は？」とすれば答が出せるはずである。速度の規準をどこにとるかを明確にすることが必要である。

では，図5・8(a)の電車の車輪の最上部Pのレールに対する速度はいくらになるだろうか。今，電車の速度は60km/hである。

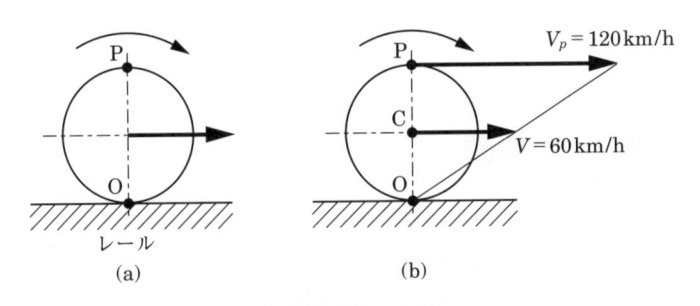

図 5・8　車輪の速度

図(b)が「車輪とレールの2要素が点Oで接触し，車輪がすべることなく，レールに対して相対速度 $V=60$ km/h で，ころがり接触で進んでいる」様子である。図5・8で，電車の速度 V を表現すれば，「レールに対する車軸の相対速度が V」となる。したがって，レールに対する頂点Pの瞬間的な相対速度 V_p は，点Oとベクトル V の先端を結ぶ直線の延長線と，直線OPについての，点Pからの垂線との交点まで，として求めることができる。結局，乗っている電車の車輪の頂点は，レールに対して120km/hの相対速度をもって運動していることになるのである。そして，車輪とレールとの接触点は相対速度がゼロになる。そのために，

鉄の車輪と鉄のレールが接触し合いながらも，長時間の使用にも耐えているのである。

類題として次の問題を考えてみよう。図5·9に倒れかかっている棒とブランコがある。図(a)では，地面と接している点が瞬間中心になる。棒の速度は，棒の先端が最も速くなるが，その途中の点Pの地面に対する速度はどうなるだろう。図(b)のブランコではどのような関係が考えられるだろうか。

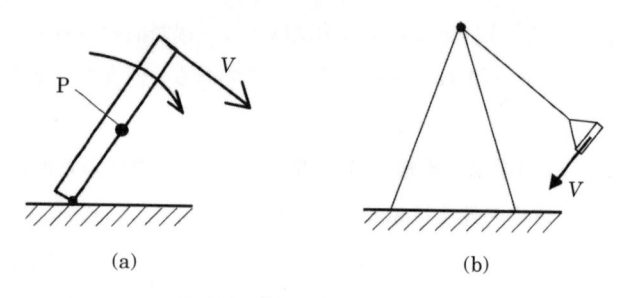

図 5·9 倒れる棒とブランコ

5.2 歯車伝動装置

機械が動くためには動力源が必要である。動力源の運動の多くは，モータに代表される回転運動である。回転動力源が高出力を出すためには，ある程度の回転数が必要となる。一方，メカトロニクス運動体の動作には，直動・低速度のものなどが多く，動力源の運動を目的の運動に変換することが必要となる。回転を伝達・変換する最も一般的な機械要素が，**歯車伝動装置**である。

5.2.1 歯車の種類

歯車(gear, toothed wheel)は，回転円板の側面に動力伝達のための凹凸を付けたものである。組み合わされる軸の位置関係や，歯の形状によって多くの種類が作られている。電子部品と同様に，自分のシステムに合わせた歯車を素材から作り出すことも必要となるが，多くの標準市販品があるので，これらを利用することが賢明である。

5.2 歯車伝動装置

歯車を簡単に分類してみよう。電子部品と異なり機械部品は一見してそのものの使い方のわかるものが多く，面倒がない。図5·10に概略図を示す。

● 軸の位置関係について：2軸が平行なもの，2軸が直交するもの，その他
● 歯の形状について：軸心に平行なもの，弦巻状のもの，その他

などに分けられる。

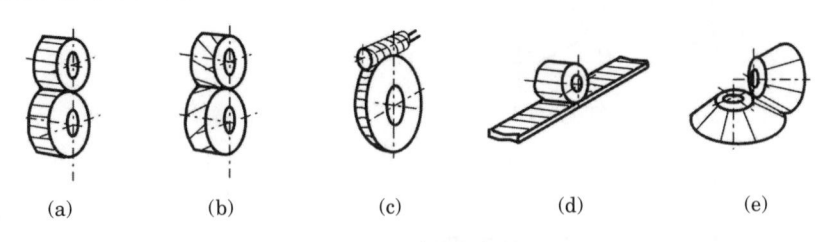

(a)　　(b)　　(c)　　(d)　　(e)

図5·10　各種の歯車

5.2.2　標準平歯車の計算式

歯車を組み合わせて，歯車装置を構成しようとする場合の基本的な計算方法について考える。歯車の規格は，歯の大きさを示す**モジュール** m [mm]，**歯数** Z [枚]などで表され，歯先の形状も歯車性能に大きく影響する，**標準平歯車**と呼ばれる歯車が歯車装置設計の目安として用いられる。

図5·11に示す標準平歯車を例として，各部分の寸法および歯車を組み合わせる場合の**中心間距離** C [mm]と**速度比** i の算出式を次に示す。

● ピッチ円直径 (diametral pitch)　　$D_p = m \cdot Z$ [mm]

● 歯先のたけ (addendum)　　$H_1 = m$ [mm]

● 歯元のたけ (dedendum)　　$H_2 \geq 1.25m$ [mm]

● 歯先円直径　　$D_2 = m(Z+2)$ [mm]

● 2軸の中心間距離　　$C = \dfrac{D_{p1} + D_{p2}}{2}$

● 速度比 (speed ratio)　　$i = \dfrac{N_1}{N_2} = \dfrac{D_{p2}}{D_{p1}} = \dfrac{Z_2}{Z_1}$

速度比は，減速・増速にかかわらず，1以上になるように表す。

(a) 平歯車の組み合わせ

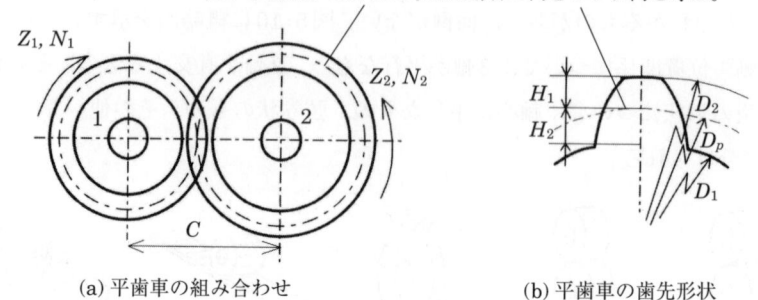

(b) 平歯車の歯先形状

図 5·11　標準平歯車

5.2.3　歯車列と歯車装置の設計

図 5·11 のような歯車 1 組で作る速度比は，$i = 10$ 程度とする．速度比があまり大きいと，組み合わせた歯車の小歯車の回転数，あるいは回転量が大きくなりすぎて，摩耗を早めてしまうためである．

それでは，大きな速度比を作りたいときにはどうすればよいだろうか．図 5·12 の歯車列について考えよう．歯車 $1 \sim n$ までの回転数を $N_1 \sim N_n$，歯数を $Z_1 \sim Z_n$ とすれば，次のようになる．

[1] 図(a)の場合（**直列接続**）

$$N_2 = N_1 \frac{Z_1}{Z_2}$$

$$N_3 = N_2 \frac{Z_2}{Z_3} = N_1 \frac{Z_1 Z_2}{Z_2 Z_3} = N_1 \frac{Z_1}{Z_3}$$

これより，

$$N_n = N_1 \frac{Z_1}{Z_n}$$

となり，中間にある歯車の歯数は，出力段の回転数に影響しなくなる．このとき，中間に置かれた歯車を**中間歯車**または**遊び歯車**（idle gear）と呼ぶ．遊び歯車は回転数には関係ないが，歯車が偶数個のときには回転の向きを反転させる働きがある．

5.2 歯車伝動装置

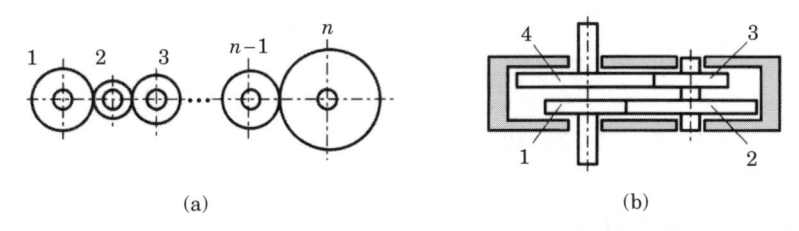

(a) (b)

図 5·12　歯車列

[2] 図(b)の場合（**段掛け**）

　この歯車列は，前段の組み合わせで得られた速度比に，さらに速度比を乗ずる形になり，大きな速度比が作れる．入力軸を1，出力軸を4として，各組み合わせを順に見ていくと，

$$N_2 = N_1 \frac{Z_1}{Z_2}$$

$$N_3 = N_2$$

$$N_4 = N_3 \frac{Z_3}{Z_4}$$

となり，入力軸と出力軸の関係は，

$$N_4 = N_1 \frac{Z_1 Z_3}{Z_2 Z_4}$$

となって，1段の組み合わせでは困難な，大きな速度比をとることができる．上の場合の速度比 i は，

$$i = \frac{N_1}{N_4} = \frac{Z_2 Z_4}{Z_1 Z_3}$$

となる．

　図5·12で，$i=30$ の歯車装置を求めてみよう．図(a)では解決できないから，図(b)を使う．図では歯車1と4の中心軸がきれいにそろっているが，ここでは特に意識しないことにする．速度比 i は，

$$i = 30 = 5 \times 6 = \frac{5}{1} \times \frac{6}{1} = \frac{Z_2}{Z_1} \times \frac{Z_4}{Z_3}$$

となる．最小歯車の歯数を13と決めれば，

$$i = \frac{5}{1} \times \frac{6}{1} = \frac{Z_2}{Z_1} \times \frac{Z_4}{Z_3} = \frac{65}{13} \times \frac{78}{13}$$

から，$Z_1=13$，$Z_2=65$，$Z_3=13$，$Z_4=78$となる．

5.2.4 遊星歯車装置

図5·13に**遊星歯車装置**(planetary gear)を示す．太陽系の惑星群を頭に描いてほしい．中心に位置する大きな歯車を太陽に見立てて，**太陽歯車**(sun gear) と呼ぶ．その円周上を自転しながら，公転する歯車を**遊星歯車**(planetary gear) と呼ぶ．

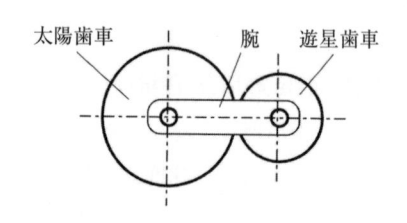

図5·13 遊星歯車装置

太陽と地球のような関係であるが，その2つの歯車を結び付ける引力の代わりになるものが**腕**(arm)である．この3つの要素から構成される機構がおもしろい動作をするのである．図で腕を左に1回まわすと，遊星歯車は，どちらに何回まわるだろうか．この答は前述の歯数比による計算だけでは出ない．例えば，遊星歯車の歯の1枚にマークを付けたとして，このマークが固定面に対して何回転するかをとったものを「回転数と呼ぶ」と決めておこう．このように決めると，遊星歯車の回転数は，歯数比による自転分と，互いの歯車の間の相対的な公転分との代数和として求めることができる．この相対運動が理解されにくいようである．

図5·14に太陽歯車を固定して，腕Aを$+n$回転した場合の計算方法を示す．太陽歯車の回転数をN_1，遊星歯車の回転数をN_2として，実際の回転数を「正味回転数」とすると，正味回転数＝全体固定＋腕固定になる．

	N_1	N_2	A
(1) 全体固定	$+n$	$+n$	$+n$
(2) 腕固定	$-n$	$+n \cdot Z_1/Z_2$	0
(3) 正味回転	0	$+n(1+Z_1/Z_2)$	$+n$

(3)＝(1)＋(2)

図5·14 糊付け解法

① 正味回転は，$N_1 = 0$，$A = +n$であるから■部分が前提条件となって(3)正味回転の行に記入する。
② 遊星歯車と太陽歯車だけの歯車列に置き換えて自転分の回転数を算出するために腕を固定したと仮定すれば，(2)腕固定の行で，$A = 0$となる。
③ ②の仮定と腕Aの正味回転数$+n$の整合性から，機構構成要素全体に$+n$を加える。これが(1)全体固定の行である。
④ 太陽歯車の回転数N_1は(1)全体固定，(3)正味回転から(2)腕固定の仮定においては，$-n$とするしかない。歯数比から腕固定の仮定における遊星歯車の回転数N_2を算出する。これが(2)腕固定の行である。
⑤ N_2について，(3) = (1) + (2)より遊星歯車の正味回転数N_2が算出できる。

この方法は装置全体を強力な"糊"で固定したものと考えて，装置全体を公転させて，遊星歯車の歯数比による自転分との和から総合の回転を求めるというもので，「**糊付け解法**」と呼ばれる。

図5・13は遊星歯車装置の原理図である。これを実際の機器に組み込むには，図5・15のような工夫が必要とされる。

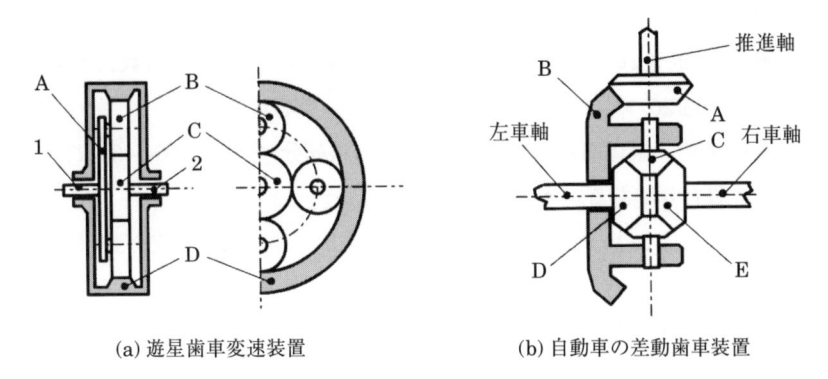

(a) 遊星歯車変速装置　　(b) 自動車の差動歯車装置

図5・15 遊星歯車装置の実用例

図5・16を参考に，次の例題に挑戦してみてほしい。図5・16は$Z_1 = 68$枚，$Z_2 = 20$枚，$N_1 = 0$として，腕を-5回転させた。遊星歯車の回転数N_2を求めよう。

第5章 メカニズムの基礎

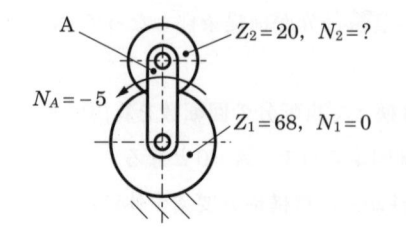

図 5·16 において、$Z_2 = 20$, $N_2 = ?$、$N_A = -5$、$Z_1 = 68$, $N_1 = 0$

	1	2	腕
(1) 全体固定	-5 ④	-5 ④	-5 ③
(2) 腕固定	$+5$ ⑤	-17 ⑥	0 ②
(3) 正味回転	0 ①	-22 ⑦	-5 ①

図 5·16 遊星歯車装置

(解)

① $N_1 = 0$, 腕 $= -5$ である。この条件を書き込む。

② 歯数比で2の自転分を算出するために，「腕固定」と仮定するのであるから，腕の回転数を "0" とする。

③ 「正味回転 = 全体固定 + 腕固定」であるから，全体固定の腕の部分には(3)の -5 が入るしかない。

④ 全体固定の行は，装置全体を "グル" っと回すと考えて横1行，全て -5 とする。

⑤ ③と同様に，$+5$ が入るしかない。

⑥ 腕が固定されているという仮定であるから，ここは歯数比だけから $+5 \times (68/20) \times -1 = -17$，ここで $\times (-1)$ を忘れずに。

⑦ 正味回転 = 全体固定（公転分）＋ 腕固定（自転分）であるから $-5 - 17 = -22$ となって終わりである。

以上を参考に図 5·17 の問題を考え，図 5·16 と同じ装置で，腕を $+5$ 回転，太陽歯車を -2 回転させたときの N_2 を求めよう。前問と異なるのは，太陽歯車が回転しているところである。よく考えて枠を埋めてほしい。

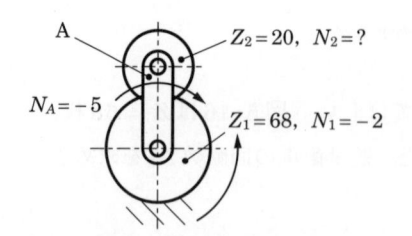

図 5·17 において、$Z_2 = 20$, $N_2 = ?$、$N_A = -5$、$Z_1 = 68$, $N_1 = -2$

	太陽歯車:1	遊星歯車:2	腕:A
(1) 全体固定			
(2) 腕固定			
(3) 正味回転			

図 5·17 遊星歯車装置

また，図5・18の歯車装置において，$Z_B = 21$，$Z_C = 18$，$Z_D = 60$，$N_1 = 50$rpm として N_2 を求める例を考えてみる．

$Z_B = 21$

$Z_C = 18$

$Z_Z = 60$

$N_1 = 50$ 〔rpm〕

計算の結果，1軸：50rpm に対して，2軸：216.7rpm となることがわかった．図5・18の装置は速度比：$i = 216.7/50 = 4.334$ の歯車装置となる．

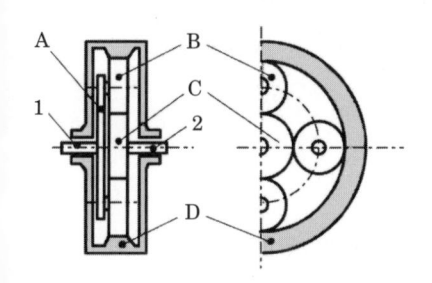

	1（腕）	2	D
(1) 全体固定	+50	+50	+50
(2) 腕固定	0	+166.7	−50
(3) 正味回転	+50	+216.7	0

図 5・18 遊星歯車装置の計算例

5.3 リンク機構

多くの動力源は回転という形で出力を発生している．回転運動は様々な方法で他の運動に変換・伝達されている．**リンク機構**(link mechanism)は，比較的少ない構成部品で，運動形態を変換することの可能な機構として広く用いられている．

5.3.1 リンク構造

3節以上の要素を，主として回り対偶，すべり対偶により連結した組み合わせを**リンク**と呼ぶ．

図5・19(a)は，3節からなるリンクで，各節が拘束されているために運動はでき

ない。また，変形しづらいので構造体として用いられている。図(b)は，4節のうちのどれか1節を固定すると，任意の節を原動節と従動節に割り当てることができ，多くの機構に利用されている。図(c)は，5節それぞれの要素の動きが限定できないため，機構として用いることはできない。多数の部材が集まって各要素が限定された動きを行うリンク機構も，基本的には4節リンクの集合体といえる。

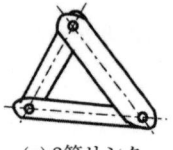

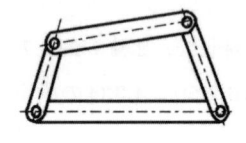

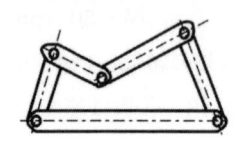

(a) 3節リンク　　　(b) 4節リンク　　　(c) 多節リンク

図 5・19　リンク

5.3.2　いろいろなリンク機構

図5・20にいろいろなリンク機構を示す。各節は運動の形態によって次のように呼ばれる。

- **回転節**：クランク（crank）　　回転運動を行う節
- **揺動節**：レバ（lever）　　限定された範囲を揺動する節
- **連接節**：コネティングロッド（connecting rod）　　原動節と従動節を連接する節

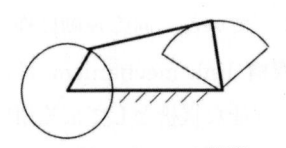

(a) てこ・クランク機構　　　(b) 両クランク機構

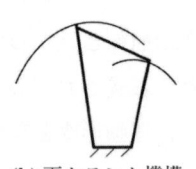

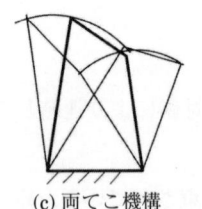

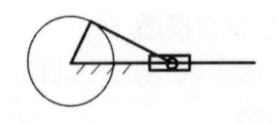

(c) 両てこ機構　　　(d) スライダ・クランク機構

図 5・20　各種のリンク機構

5.3 リンク機構

図5·20(a)は4節リンクの基本となる機構である。最短リンクの隣の節を固定すると（2つのリンクのどちらでも構わない），最短リンクが回転節，最短リンクの向かいの節が揺動節になる。

図(b)は最短リンクを固定すると向かいの節を連接節として，2つの節が回転する**両クランク機構**になる。

図(c)は最短リンクの向かいの節を固定すると，最短リンクが連接節になって，2つの節が揺動する**両てこ機構**になる。

図(d)はてこに当たる節を極限まで短くして，回り対偶とすべり対偶とで構成されるスライダに置き換えると，**スライダ・クランク機構**が構成される。

リンク機構には，まだまだ多くのバリエーションが考えられる。図5·21にその他のリンク機構を示す。

図5·21(a)から(c)に挙げたものはリンクの一部をスライダに替えたもので，スライダ・クランク機構と呼ばれるものである。図(a)の固定スライダ・クランク機構のスライダをピストンに替えたものが，自動車のエンジンなどに用いられる往復‐回転型エンジンの機構である。

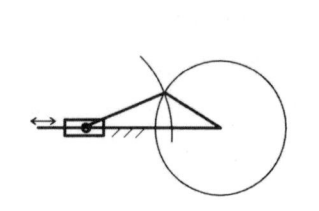

(a) 固定スライダ・クランク機構   (b) 揺動スライダ・クランク機構

(c) 回りスライダ・クランク機構   (d) 平行リンク機構

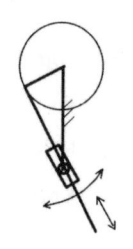

図5·21　各種のリンク機構

5.3.3 リンク機構の応用例

私たちの身のまわりの，いたるところにリンク機構は活用されている。そのいくつかを紹介する。

[1] 扇風機の首振り機構

図5・22に扇風機の首振り機構を示す。

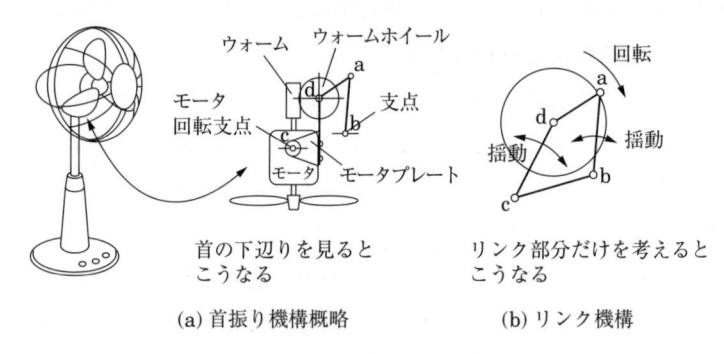

図5・22 扇風機の首振り機構

(a) 首振り機構概略　(b) リンク機構

図(a)に構造の概略を示す。モータ回転軸のファン取付け側の逆の側に，ウォーム／ウォームホイールを取り付けて，クランクadを作る。

モータとギヤ機構は，モータプレートで位置関係を固定して，適当な箇所にモータ回転支点cを作り，本体に設置する。さらに，クランクのaと本体の適当な点bとを連結する。この構造から，クランク機構にかかわる節だけを抜き出したものが図(b)である。

これは図5・20の(c)の両てこ機構になる。以上のように，モータが揺動節cdと一緒になって首を振るメカニズムが構成される。

[2] 製図機械の平行移動

図5・23は，製図機具のドラフターである。図5・21(d)の平行リンク機構そのもので，十字プレートによってAとBの平行，CとDの平行が確保され，常に平行線を描画することができる。

5.3 リンク機構

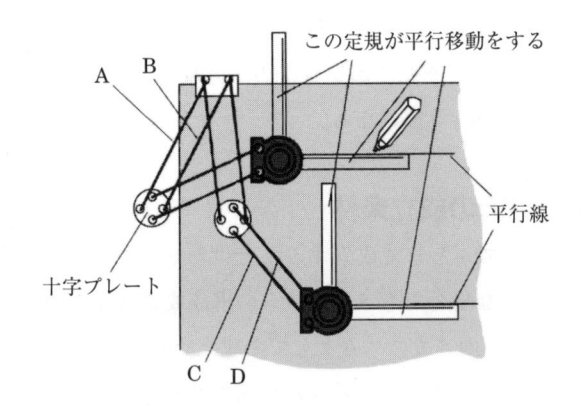

図5·23 製図機械の平行移動

[3] エンジンのクランク機構

内燃機関の往復ピストンエンジンは,リンク機構そのものである。ただ一般には,エンジンの当然のメカニズムとして考えられて,リンク機構という認識は薄いかもしれない。しかし,クランク軸の名称はクランク＝回転節に由来するのであるから,紛れもないリンク機構なのである。図5·24に示すエンジンとスライダ・クランク機構を比べると,エンジンのメカニズムがはっきりとしてくる。エ

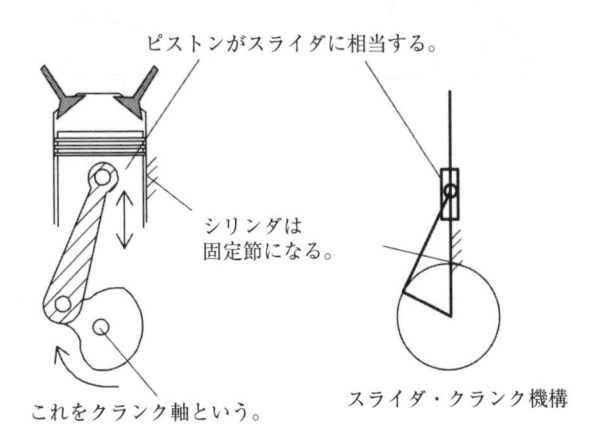

図5·24 エンジンのクランク機構

ンジン部材のピストンはスライダに,シリンダは固定節,コネクティングロッドは連接節そのものである。そしてエンジンの出力軸となるクランクシャフトは,リンクメカニズムのクランク節になる。

5.3.4 リンク機構の成立条件

4節リンクがメカニズムとして成立することはわかった。それでは,4本のリンクであればどのような場合でもメカニズムの構成要素となるのかというと,そうではない。4節リンクのメカニズムとしての成立条件を考えてみよう。

図5·25のように,リンクメカニズムの極端形状を考えてこれを整理すると,各節の長さは次のようになる。

図(a)より,
$$a+b<c+d \quad \cdots\cdots\cdots\cdots\cdots\cdots\cdots (1)$$
図(b)より,
$$a+d<b+c \quad \cdots\cdots\cdots\cdots\cdots\cdots\cdots (2)$$
図(c)より, $c<(b-a)+d$

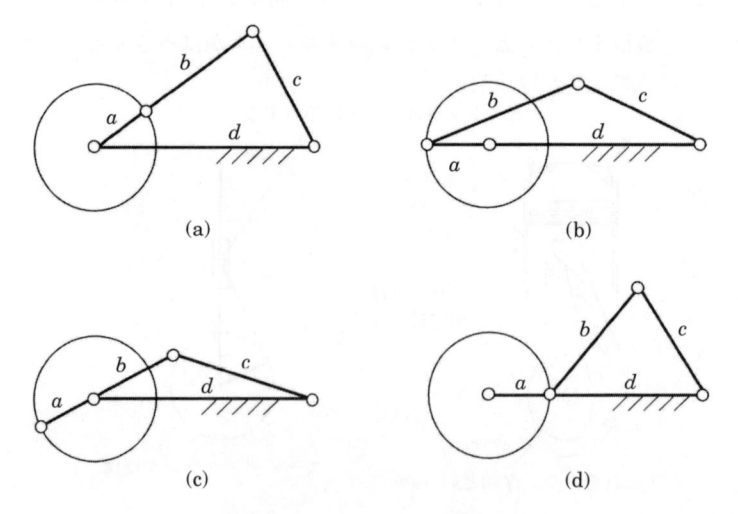

図5·25 4節リンクの成立条件

5.3 リンク機構

$$\therefore \quad a+c < b+d \quad \cdots\cdots\cdots\cdots\cdots\cdots\cdots (3)$$

または，$d < (b-a)+c$

$$\therefore \quad a+d < b+c \quad \cdots\cdots\cdots\cdots\cdots\cdots\cdots (4) \quad \text{これは式(2)と同じである。}$$

図(d)より，$b < (d-a)+c$

$$\therefore \quad a+b < c+d \quad \cdots\cdots\cdots\cdots\cdots\cdots\cdots (5) \quad \text{これは式(1)と同じである。}$$

または，$c < (d-a)+b$

$$\therefore \quad a+c < b+d \quad \cdots\cdots\cdots\cdots\cdots\cdots\cdots (6) \quad \text{これは式(3)と同じである。}$$

以上の結果から，4節リンクの各節の長さは，次に示す3つの条件で決定されることがわかった。

図5・26において各節の長さを，クランクa，コンロッドb，レバc，固定節dとすると，図5・25から求めた式(1)～(6)は，結局式(1)，(2)，(3)にまとめられるので，リンクの成立条件は，

$$a+b < c+d$$
$$a+d < b+c$$
$$a+c < b+d$$

の3条件となる。上の3つの式はどれもクランクaを含む2節の和が他の2節の和よりも小さくなっている。記号で覚えるよりも，次のようにしたほうが覚えやすいようである。

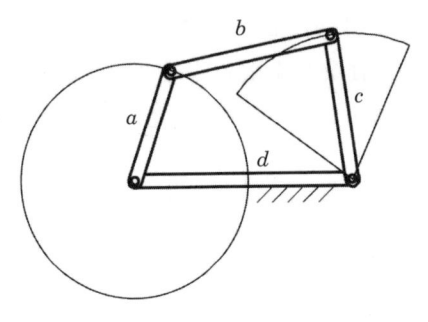

図5・26　4節リンク機構の各節の寸法

● 4節リンク機構の成立条件

最短リンクと他の1つのリンクの和は，常に残りのリンクの和よりも小さい。

ここで問題を考えてみよう。クランクを200mm，コンロッドを400mm，レバを300mmとして，固定節の長さを求める。ただし，固定節を最長リンクとする。

$$a+b<c+d \text{ より，} 200+400<300+d \quad \therefore \quad 300<d \quad \cdots\cdots (1)$$
$$a+d<b+c \text{ より，} 200+d<400+300 \quad \therefore \quad d<500 \quad \cdots\cdots (2)$$
$$a+c<b+d \text{ より，} 200+300<400+d \quad \therefore \quad 100<d \quad \cdots\cdots (3)$$

問題の条件から，(3)は該当しないから，答えは400mm＜d＜500mmとなる。

5.3.5　レバの揺動角

前項で4節リンクの成立条件を調べた。クランクは回転節であるから，360°クルクルと回転する。動力源の関係から，通常は，クランクを原動節として考えたほうがわかりやすいと思うので，レバを従動節とすれば，クランク・レバメカニズムの従動節はどのような動きをするのだろうか？従動節の運動は揺動であるから，揺動の角度と速さが考えられる。速さについては，「5.1.4回転中心と瞬間中心」を用いると解析できる。ここでは，揺動角について考える。

[1] 作図から揺動角を求める。

図5·27はリンク各節の寸法を用いて，図(a)右端の状態からα_1，図(b)左端の状態からα_2を求め，揺動角を求めるものである。揺動角をβとすれば，$\beta=\alpha_1-\alpha_2$となる。作図の正確さによって精度が左右されるが，簡便な方法である。

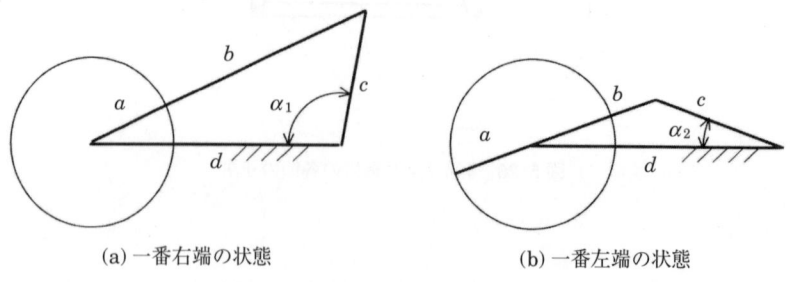

(a) 一番右端の状態　　　　(b) 一番左端の状態

図5·27　作図からレバ揺動角を求める

[2] 揺動角の算出方法

図5·28について揺動角を算出する。それぞれの節の長さをa, b, c, d, 揺動角β, 右端までの振れ角α_1, 左端までの振れ角α_2とする。

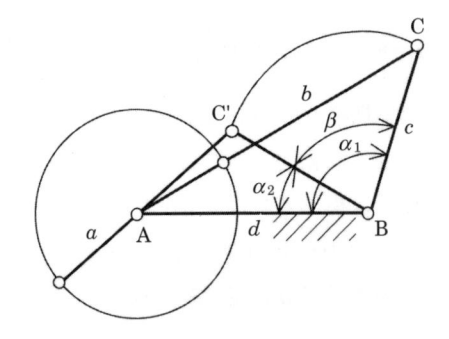

図5·28 レバの揺動角

図からレバの揺動角βは次のようになる。

$$\beta = \alpha_1 - \alpha_2$$

△ABCにおいて余弦定理から，

$$(a+b)^2 = c^2 + d^2 - 2cd\cos\alpha_1$$

$$\therefore \quad \alpha_1 = \cos^{-1}\frac{c^2 + d^2 - (a+b)^2}{2cd}$$

△ABC′において余弦定理から，

$$(b-a)^2 = c^2 + d^2 - 2cd\cos\alpha_2$$

$$\therefore \quad \alpha_2 = \cos^{-1}\frac{c^2 + d^2 - (b-a)^2}{2cd}$$

$a = 200\,\mathrm{mm}$, $b = 400\,\mathrm{mm}$, $c = 300\,\mathrm{mm}$, $d = 480\,\mathrm{mm}$として，揺動角を算出してみる。

$$\alpha_1 = \cos^{-1}\frac{300^2 + 480^2 - (200+400)^2}{2 \times 300 \times 480} = 97.90\,\mathrm{deg}$$

$$\alpha_2 = \cos^{-1}\frac{300^2 + 480^2 - (400-200)^2}{2 \times 300 \times 480} = 13.19\,\mathrm{deg}$$

$$\therefore \quad \beta = 97.90 - 13.19 = 84.71\,\mathrm{deg}$$

となる。

5.4　カム機構

カム機構(cam mechanism)は，主として回転―直動の変換を行う要素で，構成点数の最も少ないメカニズムの代表的なものである。日常の生活で最も親しみのあるところでは，自動車エンジンのカムだろう。

図5・29のように吸気用と排気用のカムシャフトが，独立して1本ずつ，ピストンの上にあるものをDOHC(Double Overhead Camshaft)という。2本のカムシャフトはチェーンや歯車を介して，図5・24で示したクランク軸によって駆動される。

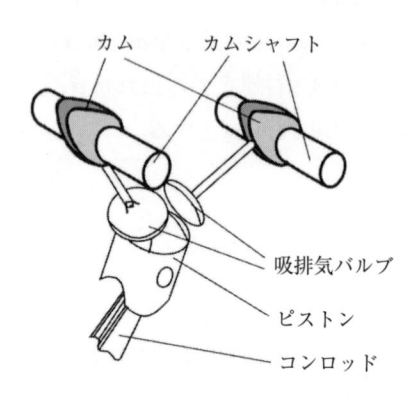

図5・29　自動車エンジンのDOHC

5.4.1　カム機構

図5・30に円板カムを示す。中心O_1，半径rの円板をO_1からhだけ離れた位置にある点O_2を中心に回転させると，円板は偏心回転を行う。この円板の円周面上に接して設けられた従動節は，最大変位hの直線運動を行う。ここで，hを揚程あるいは**リフト**(lift)と呼ぶ。このように，原動節の輪郭形状を利用して回転運動を直動や揺動などほかの運動に変換する機構を総称して，**カム機構**と呼ぶ。

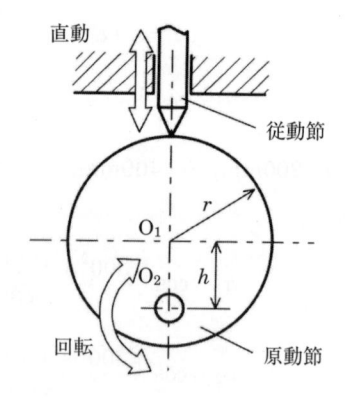

図5・30　円板カム

5.4.2 いろいろなカム

図5・31に各種のカムを示す。

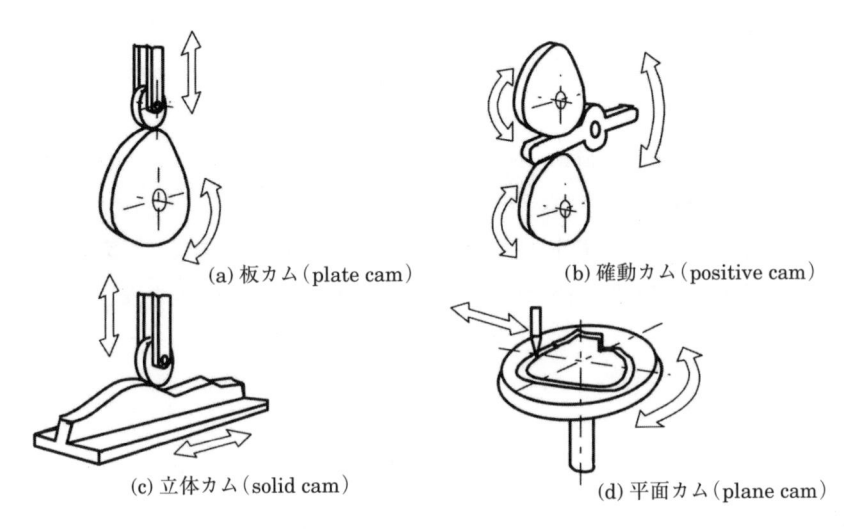

(a) 板カム（plate cam）
(b) 確動カム（positive cam）
(c) 立体カム（solid cam）
(d) 平面カム（plane cam）

図5・31　いろいろなカム

(a) 板カム　　回転円板の円周上に従動節を設置したものの総称を**板カム**という。

(b) 確動カム　　板カムは，従動節を押し上げる場合には強制的に駆動するが，従動節が下降する場合には，スプリングなどの外力によってカム側面に押し付ける必要がある。そのような場合，負荷が高かったり，回転速度が高かったりすると，従動節がカムに追従できなくなる場合がある。**確動カム**は従動節の往復ともに強制的に駆動することで，前述の問題を解決している。従動節の追従性や，高速度を要求するような箇所に用いられている。高回転高出力を必要とするエンジンなどにも使用されている。

(c) 立体カム　　回転球体の表面や，3次元形状による変位を利用して従動節を駆動するカムを総称して**立体カム**と呼ぶ。

(d) 平面カム　　平面上に設けた溝や突起を利用して従動節に変位を与える

ものの総称を**平面カム**という。

5.4.3 カム線図

カムの外形を求めたり，カムの運動状態を知るには**カム線図**（cam diagram）が使われる。カム線図には，

① 原動節の回転角を横軸，従動節の変位を縦軸に表した，カムの**基礎線図**となる**変位線図**。
② 変位線図を時間で微分して，横軸に時間，縦軸に速度を表した**速度線図**。
③ 速度をさらに時間で微分して，横軸に時間，縦軸に加速度を表した**加速度線図**。

などがある。

[1] 変位線図

図5・32に示すように，各回転角ごとに**基礎円**の半径にリフトを加算した値（**動径**）を求め，各点を結ぶことによりカムの輪郭が決定できる。

① はじめに各回転角におけるリフトを決定する。
② 基礎円はシステムの目的に合った適当な値を用いる。
③ 各回転角におけるリフトを加えて得られた点を結ぶとカム輪郭が決定できる。

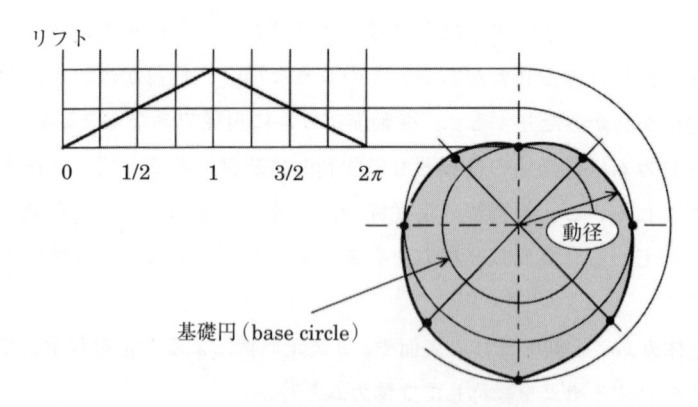

図5・32 変位線図による輪郭形状の決定

[2] 速度線図と加速度線図

　カム線図はカムの輪郭を求めるのみでなく，カムの運動状態を知るのにも用いられる。変位を微分すると速度が，速度を微分すると加速度が求められる。そして，「力$F=$質量$m\times$加速度a」であるから，カムの加速度を求めることにより，カムメカニズムに生ずる力を知ることができる。これらを図示したものが，速度線図，加速度線図と呼ばれる。

　図5·33(a)の変位線図は，単位時間当たりの速度変化分が一定なので，速度変化を示す速度線図(b)は等速度となる。速度が+の一定値から，-の一定値に変化する際には，運動の方向が瞬時に変わることから，図(c)に示す加速度が生じる。この加速度は瞬間的な力であるから，カム駆動系に対しては衝撃力として作用し，騒音や振動の原因となる。以上のことから，従動節が等速度運動を行う等速カムには，瞬間的な力=衝撃力が発生すると考えられ，この衝撃力は高速，高負荷のメカニズムにおいて，騒音，振動，耐久性等に影響を及ぼすことになる。

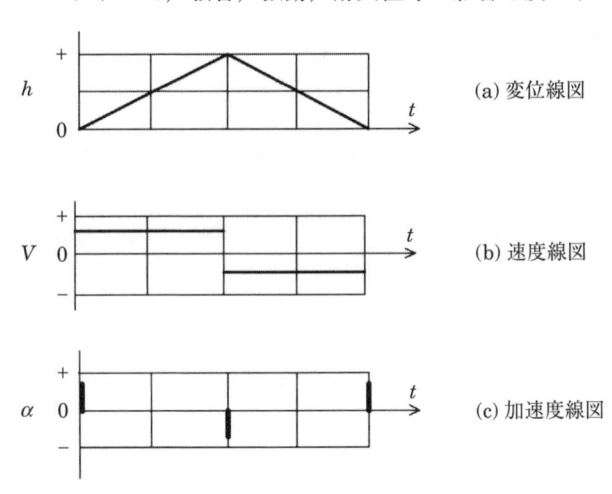

図5·33　等速度カムのカム線図

[3] 衝撃の少ないカム

　前述のように，等速度のカムには衝撃力が生ずることがわかった。衝撃力を避けるにはどうすればよいだろうか。「力$F=$質量$m\times$加速度a」から，「加速度a

をゼロ，あるいは極めて小さくする」ことが必要であるということが考えられる。運動体であるから加速度をゼロにすることは事実上困難である。そこで，比較的小さな値で加速度変化の少ない等加速度運動を実現することにより，瞬間的に生ずる力を抑制することができる。これを実現するために，図5・33のカム線図を逆にたどってみることにしよう。

始動時，運動方向の転換時および停止時の加速度をゼロにすることはできないが，衝撃力を減少させるために，カムの運動途中の加速度をできるだけ小さな値で均等になるように工夫して，図5・34(c)のような加速度線図を仮定する。これを積分すれば，(b)の速度線図が得られる。さらに速度を積分して，(a)の変位線図が求められる。(a)の変位線図に基づいて製作されたカムは衝撃力の比較的小さなものとなる。(a)に示された曲線は，衝撃を和らげるので**緩和曲線**と呼ばれる。

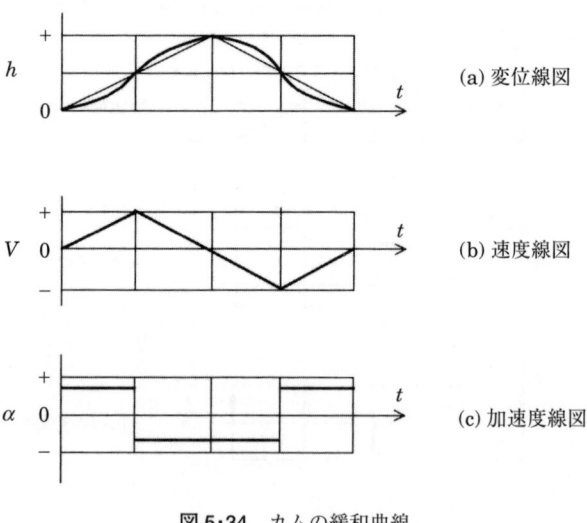

図5・34 カムの緩和曲線

第6章　センサの基礎

　メカトロシステムのなかで，センサは外部の状況を知るためになくてはならない重要な要素である。システムに外界の状態を適切に与えるためには，いろいろな測定原理や様々な検出方法が考案され，実用化されている。検出方法は簡単でも，信号処理の方法を工夫して独特の制御システムを構築している例も少なくない。
　この章では，運動を制御するシステムに多用される位置センサ，プロセス制御や知覚制御に用いられる温度センサ，流体制御システムで用いられる流量センサなどを紹介する。

6.1　センサの分類

　センサには，様々な分類方法が考えられる。この節では，本章で紹介する内容に沿って概略を考える。

6.1.1　接触型と非接触型

　センサが検出対象を認識するのに，接触するかどうかによる分類方法である。物体の有無や位置の検出に用いる接触型センサの出力形式の多くに，「あるか，ないか」の2値判断が用いられる。

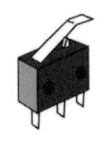

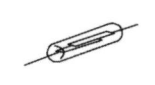

(a) リミットスイッチ　　(b) リードスイッチ　　(c) 超音波センサ

図6·1　センサの外観

- **接触型**：リミットスイッチ，フロートスイッチ　ほか
- **非接触型**：光電スイッチ，リードスイッチ　ほか

6.1.2　アナログ出力とディジタル出力

　出力信号の形式は，アナログ／ディジタルの2者に大別できる。コンピュータ制御化に対応してアナログ検出信号を処理し，ディジタル出力とする検出器も多く見られる。
- **アナログ出力検出器**：ポテンショメータ，ひずみゲージ，熱電対　ほか
- **デジタル出力検出器**：リミットスイッチ，パルスエンコーダ　ほか

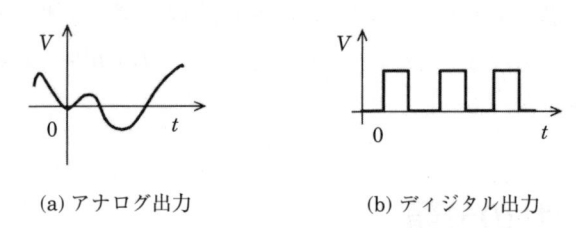

(a) アナログ出力　　　　　(b) ディジタル出力

図6・2　アナログ出力とディジタル出力

6.1.3　絶対式測定と相対式測定

　常に固定された測定原点を基準として測定するか，任意の状態を基準として，そこからの偏差を測定するかによって分類する方法が考えられる。
- **アブソリュート**(absolute)**式測定**：絶対値を測定する方法
- **インクリメンタル**(incremental)**式測定**：相対的偏差を測定する方法

　図6・3において点P，Qを座標系原点からの位置 (X_p, Y_p) および (X_q, Y_q) で表す方法を**絶対式測定**と呼び，点Pを規準として点Qの点Pからの偏差 (dx, dy) で表す方法を**相対式測定**と呼ぶ。

(a) 絶対式測定　　　(b) 相対式測定

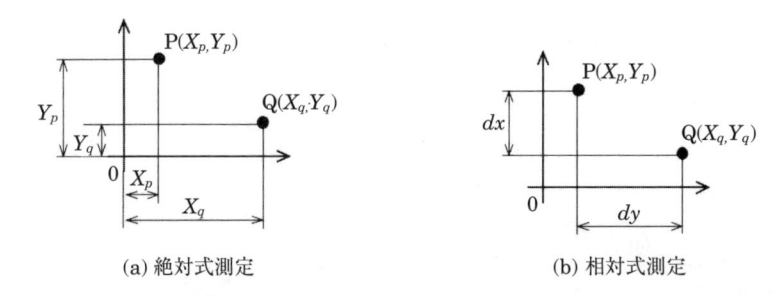

図6・3　絶対式測定と相対式測定

6.2 位置センサ

　運動系の制御には，速さの制御と位置の制御が考えられる。速さは単位時間当たりの位置の変化から求めることができるから，運動系の動きを知るためには，位置を正確に検出することが必要となる。この節では，代表的な位置検出器について考える。

6.2.1　ポテンショメータ

　機械的な変位を直接あるいは間接的に測定して，検出器に回転または直線的変位として入力し，その変位に応じた電気抵抗変化に変換して出力する抵抗検出要素の総称を**ポテンショメータ**(potention meter)と呼び，図6・4に示すように**直動型**と**回転型**がある。回転型はさらに，

- 1回転型（測定範囲1回転内）
- 多回転型（測定範囲3～5回転程度）
- ロータリ型（1回転型のストッパをはずしたもの）

などの種類に分類される。

　ポテンショメータは，偏差入力と抵抗出力間に図6・5(a)に示すようなA，B，Cの特性のものがある。したがって，ポテンショメータの入出力特性は直線特性のB型と対数特性のA(C)型の2種類といえる。

(a) 直動型ポテンショメータ

(b) 回転型ポテンショメータ

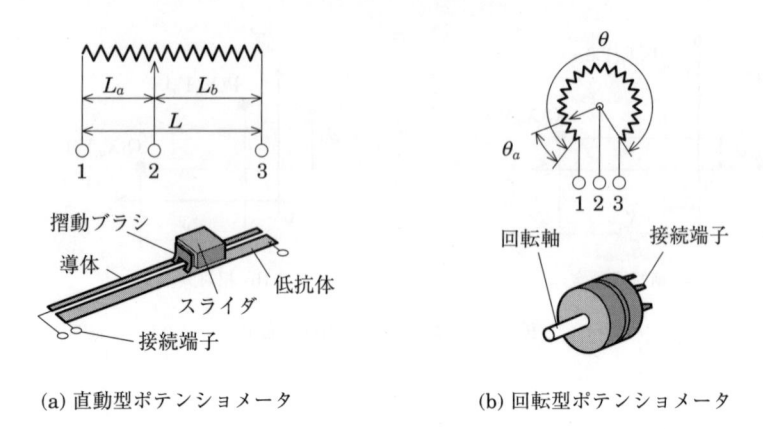

図6・4 ポテンショメータの外観と構造概略

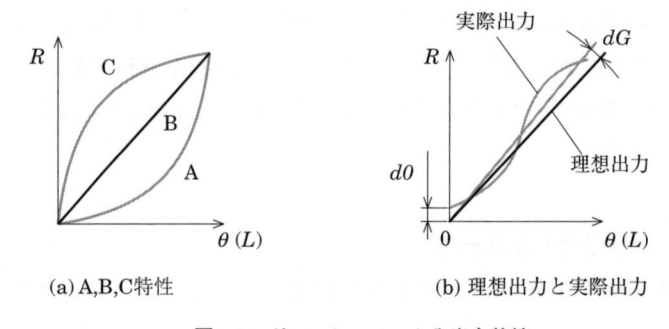

(a) A,B,C特性

(b) 理想出力と実際出力

図6・5 ポテンショメータ入出力特性

　運動体の変位を測定するような場合には，入出力特性に直線性が必要とされるので，通常Ｂ型の特性のものが用いられる。ＡあるいはＣ型の特性のものは，音響機器の音量などのように，人間の五感にかかわるような用途に用いられる。

　Ｂ型ポテンショメータの理想特性は，図(b)のように直線であることが望ましいが，実際には次のような誤差が含まれる。

① **オフセット誤差**：偏差＝0のときに発生する出力　$d0$
② **ゲイン誤差**：入出力の倍率（比例定数）の誤差　dG
③ **非直線性誤差**：入出力が直線とならない誤差

6.2 位置センサ

　図6・6のポテンショメータにおいて，端子1，3間に供給電圧E_rを与え，端子2から検出信号を取り出したとすれば，図より，

$$E_{\text{out}} = E_r \cdot \frac{R_2}{R_1 + R_2}$$

となる。$R_1 + R_2 =$ 一定であるから，出力電圧E_{out}は，変位L_2，回転角θ_2に比例した値となって，偏差入力に比例した出力を得ることができる。このような検出方法を**レオスタッド分圧式**と呼ぶ。

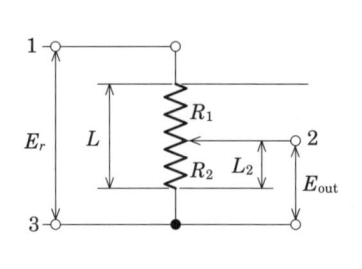

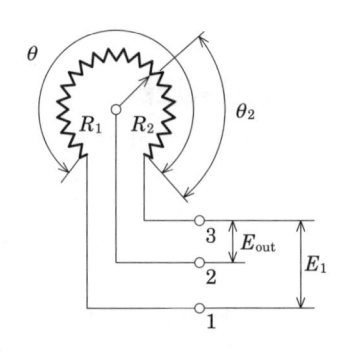

図6・6 レオスタッド分圧式

　回転型ポテンショメータの取付け方法を図6・7に示す。ポテンショメータの取付けに際しては，次のような点に注意が必要である。
- 軸に無理な荷重をかけない。
- 衝撃を与えない。
- 偏心を与えない。
- ポテンショメータの取付け角の調整を可能にする。
- 防塵，防水に配慮する。

　図(a)を**サーボマウント**，図(b)を**ブッシングマウント**，図(c)を**スクリューマウント**と呼び，加工は面倒であるが精度やメンテナンスの面からサーボマウントが推奨される。

(a) サーボマウント　　(b) ブッシングマウント　　(c) スクリューマウント

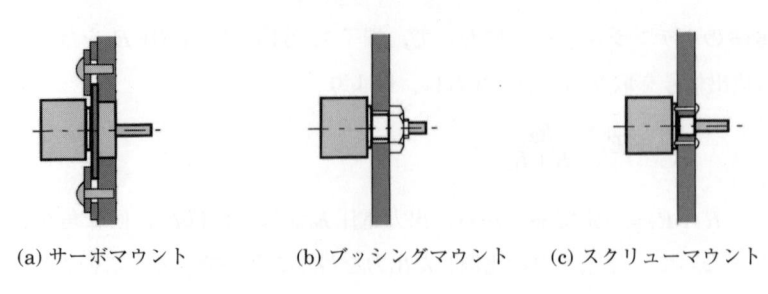

図6・7　回転型ポテンショメータの取付け方法

6.2.2　差動変圧器

差動変圧器(differential transformer)は機械的変位を電気信号に変換する検出器のなかで，構成部品点数の最も少ない代表的なものの1つである。検出範囲が広く，感度，直線性，応答性に優れ，物理量の計測，制御に欠くことのできない検出器である。

図6・8に差動変圧器の原理と実装例を示す。1次コイルCおよび2次コイルS_1，S_2とそれらを電磁気的に結び付ける**鉄心**(core)とから構成される。1次コイルに交流電圧を励磁して2次コイルに生じる**誘導起電力**を利用したものである。コイルとコアの間に適当な間隙を設けることにより，動作時の摩擦による影響を避けることができる。

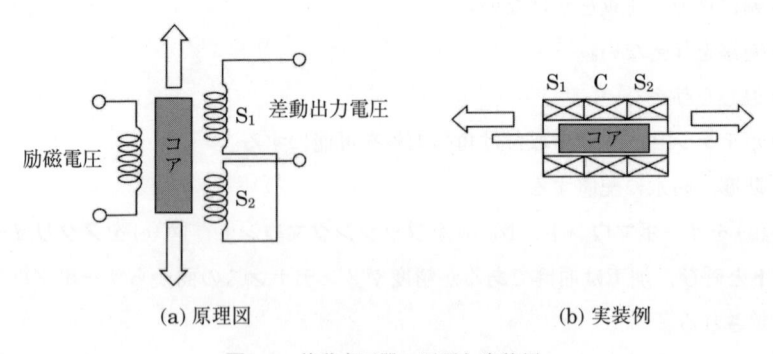

(a) 原理図　　　　　　　　　　(b) 実装例

図6・8　差動変圧器の原理と実装例

図6·8の原理図にあるようにコイルS_1, S_2の出力をおのおのE_{S1}, E_{S2}として，その出力を逆相で結線すれば，出力E_Sは，

$$E_S = E_{S1} + (-E_{S2}) = E_{S1} - E_{S2}$$

となって，図6·9(a)に実線で示す出力が得られる。

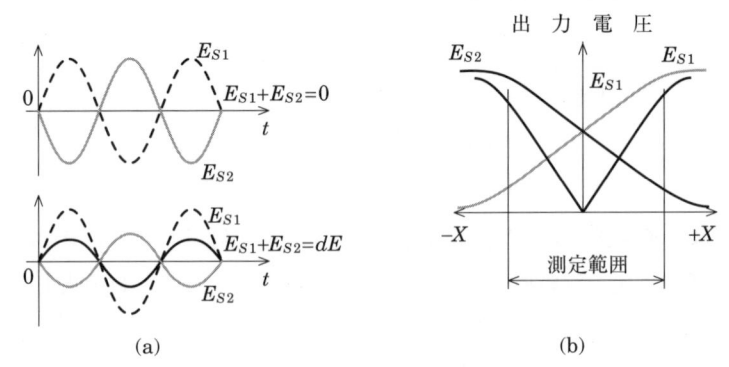

図6·9 差動変圧器の出力特性

S_1とS_2の特性が同一であれば，1次コイルCの中心とコアの中心が一致する点をゼロ点として，図(b)に示す位相が180°転換された2つの出力が得られる。検出装置の触針部分とコアを接続することにより，コアの直線変位に応じた出力電圧が検出できる。

差動変圧器はその構造上，温度，湿度，振動などに対して比較的安定している。その一方，磁気，磁界の変化に影響されたり，長距離の信号伝送が不安定であったりなどの点に注意が必要となる。用途としては圧力，流量，液面，引張り，圧縮，ひずみ，たわみなどの広範な分野で活用されている。

図6·10に差動変圧器の応用例を示す。図(a)は触針を検出部分に接触させ，触針の上下動をコアの直線運動に変換し，出力を得るもので，微小変位や表面状態の検出などに用いられている。図の構造の場合，触針の揺動をてこにより変換するため，変位の大きい場合には誤差に対する考慮が必要である。また，コアは質量を有するので，慣性を問題とするような速い運動に対しても追従性を考慮することが必要である。

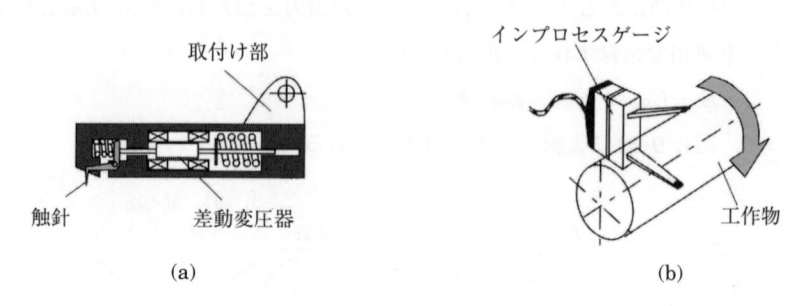

図6・10 差動変圧器の応用例

図(b)は，**インプロセスゲージ**(inprocess gage)と呼ばれるもので，微細加工中に連続的に測定を行い加工品の状態を常に検出するもので，自動化生産システムにおいて早くから用いられた検出器である。

差動変圧器の特性として，入出力の直線性，繰返し精度，スピンドルの測定力，ストロークなどが挙げられる。

6.2.3 シンクロ

シンクロ(synchro)は，回転角度を検出するアナログセンサで，**サーボ機構**（servo mechanism）に広く利用されている。外観は図6・11に示すように同期機によく似ている。**回転子**(rotor)，**固定子**(stator) および回転子巻き線と，信号線を電気的に結ぶ**スリップリング**から構成される。

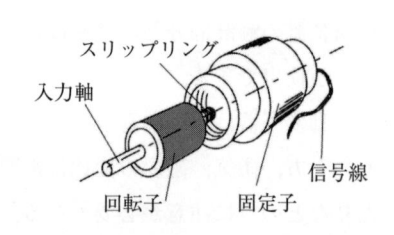

図6・11 シンクロの概略図

測定原理は，差動変圧器と同様に電磁誘導作用を用いて，2次巻き線から出力を得るというものである。図6・12(a)に示すように3相の2次巻き線を**Y(スター)結線**し，スリップリングに交流電力を励磁すると，3本の2次巻き線相互の間に，図 (b) のような**交流起電力**が発生する。このようにすると，検出される電圧の組み合わせは，回転角θと1：1で対応するので，回転角360°の範囲においては

図6・12 シンクロの構成と出力

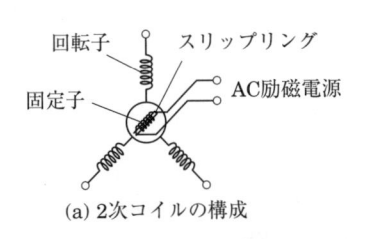

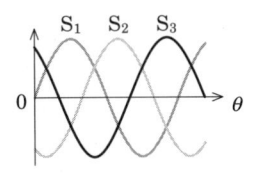

(a) 2次コイルの構成
(b) 120°位相のずれた正弦波出力

出力信号の組み合わせから入力軸の回転角を知ることのできる，**アブソリュート**（absolute）な検出要素として用いることができる。

図6・13にシンクロの使用例を示す。遠隔装作を行う制御対象や測定対象の状態や変位量を正確に知るためのもので，シンクロの基本的な使用法である。発信機の角度変位を受信機に伝えて表示するもので，**トルクサーボ系**と呼ばれる。シンクロのトルクは，小さいので受信機指示部の負荷を小さく抑えることが必要である。

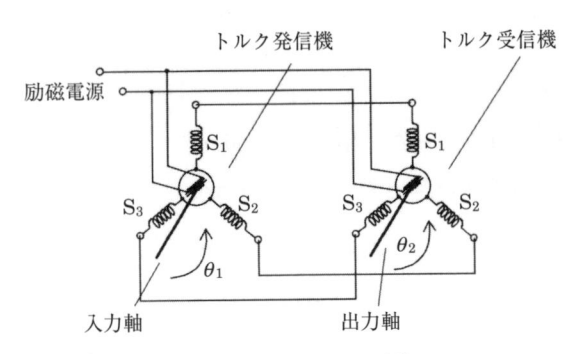

図6・13 トルクサーボ系

図6・14は，原動節となる発信機のシンクロと，従動節となる変圧機のシンクロの偏差を測定して，偏差を常にゼロにするよう制御するサーボ系に用いる例である。**フィードバック制御**（feedback control）の基本的な例で，**シンクロサーボ系**

と呼ぶ。入力軸と出力軸の偏差が常にゼロになるようにサーボ機構が動作する。

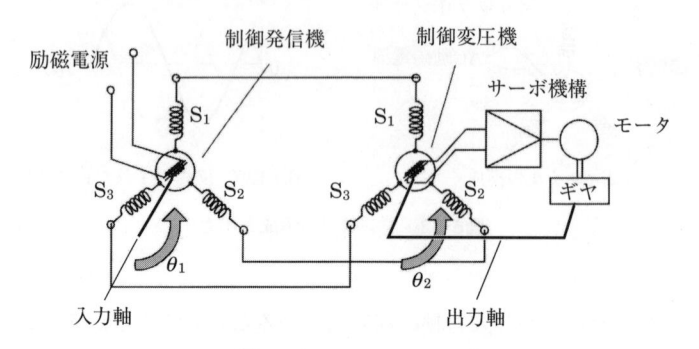

図6・14 シンクロサーボ系

6.2.4 エンコーダ

構造的，原理的にディジタル出力をもつセンサの総称を**エンコーダ**（encoder）と呼ぶ。位置や回転角など，主として物理量の偏差を検出するものが一般的である。ここでは，位置の検出に用いられるエンコーダの分類を次のように大別して考えてみる。

(a) 検出量によって

● **直動**（**リニアエンコーダ**：linear encoder）

● **回転**（**ロータリエンコーダ**：rotary encoder）

(b) 検出方法によって

● 光電式，磁気式

(c) 出力方法によって

● **絶対式**（**アブソリュート**：absolute）

● **相対式**（**インクリメンタル**：incremental）

[1] 光電式リニアエンコーダ

図6・15に光電式リニアエンコーダの構成を示す。透明なガラス板上に極めて細い平行線を微小なピッチで並べた2枚のスケールおよび投受光素子などによって構成される。

6.2 位置センサ

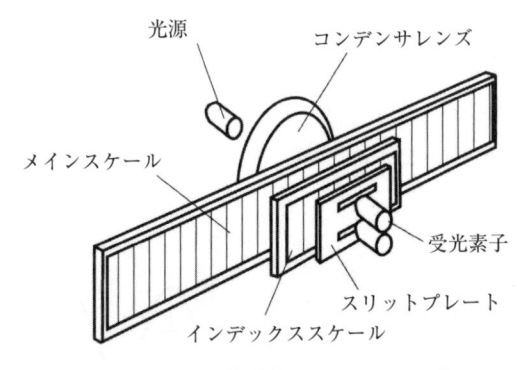

図6・15 光電式リニアエンコーダ

図において，**メインスケールとインデックススケール**に設けられた微小な平行線に光を当てると回折現象を生ずるので，これを**回折格子**(optical grating)と呼ぶ．2枚の回折格子をわずかに傾けて接近させると，光の干渉により図6・16(b)に示す干渉じまが生じる．これを**モアレじま**(moire fringe)と呼ぶ．

各要素を図(a)のように設置し，2枚のスケールに長手方向の相対変位を与えると，モアレじまは変位量に応じた速さで上下方向に移動する．図(b)に示すように2つの受光素子の間隔をしまの波長Wの1/4倍に設置すると，このしま模様を位相差90°の2相信号として検出でき，この2相信号を処理することによりスケールの相対変位を測定することができる．

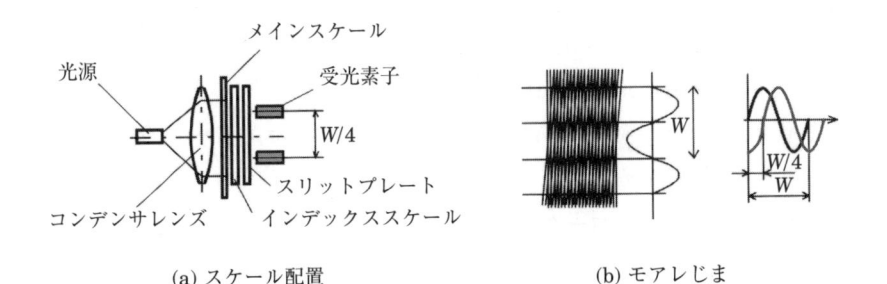

図6・16 スケール配置とモアレじま

[2] 磁気スケール

図6・17に磁気スケールを示す。鉄鋼系スケールの表面に帯磁処理をした後，等間隔に磁化し，読取りヘッドでスケール上の磁気分布を読み取ることによって，ヘッドとスケールの相対変位を検出する。

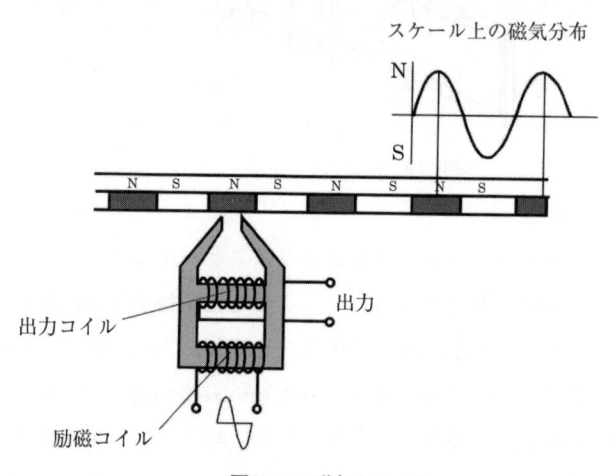

図6・17 磁気スケール

図の読取りヘッドは，励磁コイルを内蔵して読取り用出力コイルに常に磁界変化を与えているので，スケールとヘッドの相対運動停止中でも位置の検出を可能としている。このようなヘッドを**自励式読取りヘッド**と呼ぶ。ヘッド1つからの出力電圧は微小なので，図6・18のように適当な数の**ギャップ**を設置すると，図(b)に示す**共振作用**（resonance）により出力電圧の増大が可能となる。これを**マルチギャップヘッド**と呼ぶ。あるメーカーのデータでは，ギャップ数30で最大振幅を得るという結果が示されている。

この方式は，テープレコーダのテープとヘッドのようなものと思っていいだろう。ただし，テープレコーダのヘッドは図6・17に示す励磁コイルをもたないので，テープ走行の一時停止中には信号（音）は出さない。

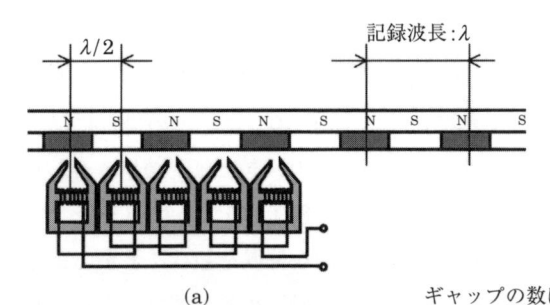

6.2 位置センサ

記録波長:λ

(a)

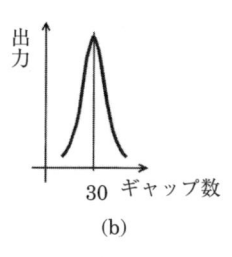

(b)

ギャップの数は多ければよいという訳ではない。あるメーカーの資料では，図(b)のような紹介が行われている。

図6・18　マルチギャップヘッド

[3] 出力信号の形式

エンコーダ出力は，検出器の構造によりアブソリュート型とインクリメンタル型に分類される。図6・19にインクリメンタル式エンコーダの例を示す。図(a)の出力波形にあるように，電気角にして$\pi/2$の位相差を与えられた2相のパルス列をもつ。このパルス列は，単に変位をパルス数として検出するだけならば1つのパルス列でもよいが，移動方向を判別するために，通常は2つのパルス列をもっている。図(b)のリニアエンコーダでは出力波形と同一のパターンをスケールに設置しておき，図(c)のロータリエンコーダでは回転検出位置の原点を検出するためのゼロ信号の設けられたものもある。

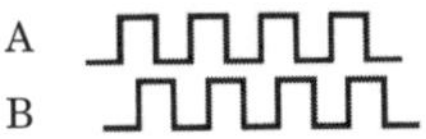

(a) 出力波形

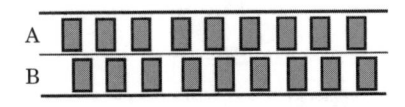

(b) リニアエンコーダ

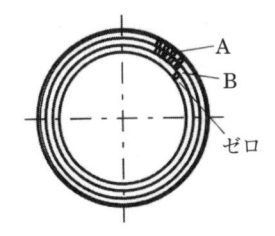

(c) ロータリエンコーダ

図6・19　インクリメンタル出力エンコーダ

図6・20はアブソリュート型エンコーダの例である。図(a)に例示の2進4ビット出力波形では，$2^4=16$とおりの分解能しかもたないが，8ビット以上のものやBCD出力形式のものなどが市販されている。図(b)のリニア型の場合には，各ビットパターンをスケールの全長にわたって設けたり，数ビットの組み合わせで周期的に2の重み付けをした2進信号を繰り返し出力するようにパターンを決定する。図(c)のロータリ型は1回転内での絶対的な位置を知ることができるので，メモリで回転数を記憶しておけば，回転量(移動量)の絶対値を知ることができる。図(b)，(c)ともに純2進出力のエンコーダの原理図である。

(a) 出力波形

(b) リニアエンコーダ

(c) ロータリエンコーダ

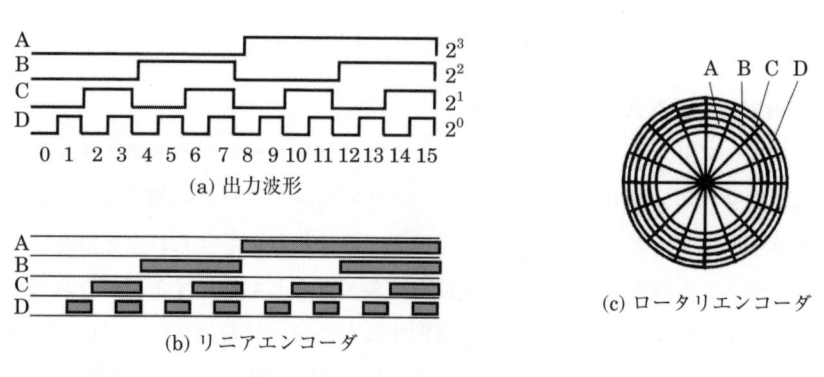

図6・20　アブソリュート出力エンコーダ

図6・21に示すように，パソコンのボール接触式マウスの裏蓋を開けてみると，ボールに接するシャフトの奥に薄い円筒状のロータリエンコーダが見える。これは，マウスの移動量を知るためのロータリ型インクリメンタルエンコーダである。マウス本体の上下を固定する数本のねじをはずしてマウスを開けてみるとよくわかる。

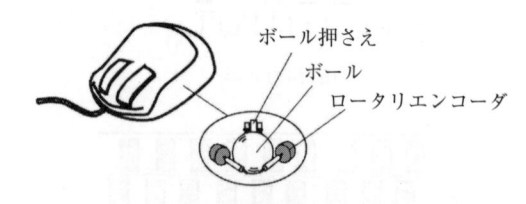

図6・21　マウスのエンコーダ

6.3 温度センサ

温度の検出方法を大別すると，温度変化による物体の変形を用いたもの，温度変化による電気的な特性変化を用いたもの，温度変化に伴う熱放射を用いたものなどがあり，測定対象によりそれぞれ適切な検出方法が考えられている。

6.3.1 バイメタルサーモセンサ

線膨張係数の異なる2枚の金属A，Bを密着させて，温度変化による膨張収縮を用いて周囲環境温度を測定するものを**バイメタル**(bimetal)と呼ぶ。

図6・22(a)で，バイメタルが直線状に保持されているとき，金属Aの線膨張係数がBのそれよりも大きければ，温度上昇に従ってバイメタルは図のように下に向って弓なりに変化する。先端におけるたわみδは，A，Bそれぞれの線膨張係数をα_A，α_B，温度変化をdtとすれば，

$$\delta = K \cdot (\alpha_A - \alpha_B) \cdot dt$$

(K：弾性係数による定数)

と近似的に温度差に比例する。

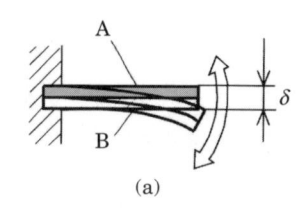

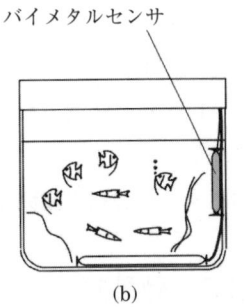

図6・22 バイメタル

図(b)のように，熱帯魚飼育用のサーモスタットがカチカチと音のするものであれば，バイメタル式のものだろう。

バイメタル応用の基本は，温度変化による変形を利用して接点の開閉や指示などを行うものである。ばね，歯車，リンクなどと組み合わせて，検出器あるいは**アクチュエータ**(actuator)として多くの箇所で実用化されている。

図6・23にバイメタルの応用例を示す。図(a)はバイメタルスイッチの例で，バイメタル自体を**共通端子**(common)として，変形の前後の位置に**常時開**(normaly open)および**常時閉**(normaly closed)端子を設けることにより，設定

(a) バイメタルスイッチ　　(b) バイメタル指示計

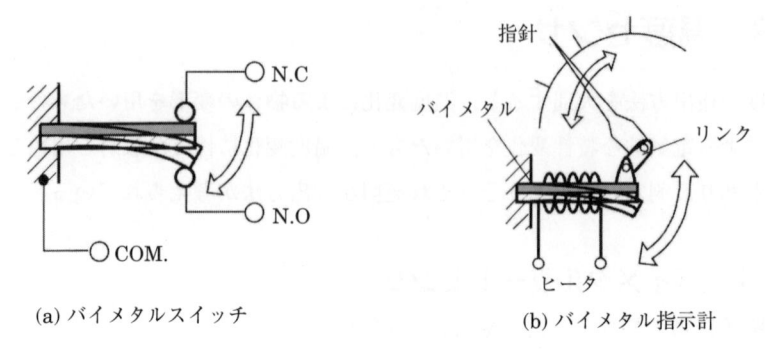

図6・23　バイメタルの使用例

温度によるスイッチングを行うものである．温度管理をするセンサ部分の外形が比較的大きくて切替え操作音のするようなものがあれば，バイメタル式と考えられる．図(b)は自動車の燃料計の例である．燃料タンクに設けた抵抗出力型センサで得た出力をヒータに通してバイメタルを加熱すれば，ヒータの発熱量の大小がバイメタルの変形の大小となり，指針へ伝えられる．コイルを用いた電気式メータと比べれば感度，精度は低いが，振動に対して極めて強く，耐久性も高いので自動車用メータなどに最適なのである．

バイメタルの適用範囲は，一般に$-50 \sim 35 ℃$程度とされている．

6.3.2　熱電対

図6・24のように，異種の金属A，Bを接合してその接合点と他端に温度差を与えると，**熱電現象(ゼーベック効果)** により閉回路中に温度差に比例した**熱起電力**を生じる．

この2種の金属の組み合わせを**熱電対**(thermo couple)と呼ぶ．熱電対は応答性は低いが，広い範囲にわたって良好な直線性をもつので，温度測定に広く使われている．JISで定める熱電対の規格を表6・1に示す．

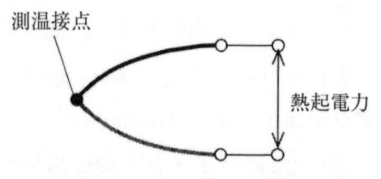

図6・24　熱電対

6.3 温度センサ

表6·1 熱電対の規格

金属の組み合わせ		常用温度〔℃〕	熱起電力〔V/K〕
＋	－		
白金	白金ロジウム	1 400	6.4×10^{-6}
クロメル	アルメル	650～1 200	41×10^{-6}
鉄	コンスタンタン	400～600	53×10^{-6}
銅	コンスタンタン	200～300	$30 \sim 50 \times 10^{-6}$

それぞれに用いられている合金の配合は次のとおりである。

- 白金ロジウム（白金87%，ロジウム13%）
- クロメル（ニッケル90%，クロム10%）
- アルメル（ニッケル94%，アルミニウム13%，シリコン1%，マンガン2%）
- コンスタンタン（銅55%，ニッケル45%）

図6·25に熱電対測定回路を示す。図(a)は，接合点と他端の温度差の測定上の基準点に氷を用いて，摂氏ゼロ度との絶対値測定を行うものである。図(a)の

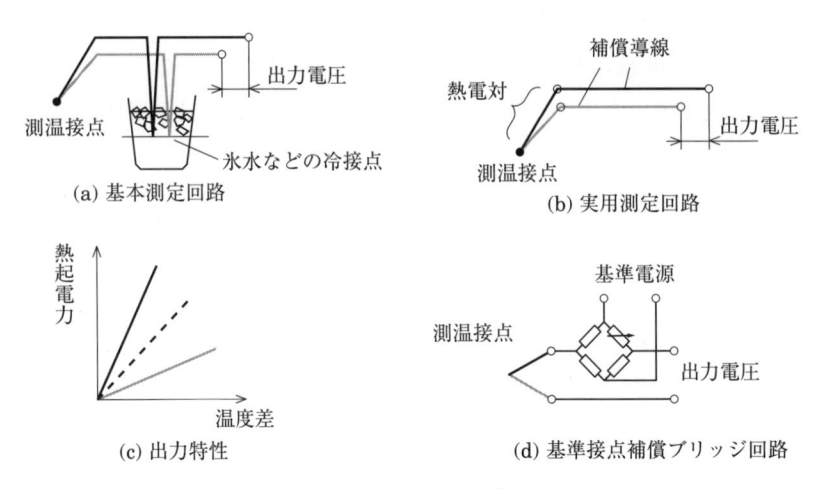

(a) 基本測定回路

(b) 実用測定回路

(c) 出力特性

(d) 基準接点補償ブリッジ回路

図6·25 熱電対測定回路

回路は実用上，常時氷点を作ることのできない場合が多いので，図(b)のように**補償導線**(compensating winding)と呼ばれる接続線を用いて，環境温度による影響を最小限に抑える方法が用いられている。熱電対の出力は，組み合わせ金属の種類により異なるが，70〜80mV程度までほぼ直線的な特性をもっている。熱電対の精度を確保するために，図(d)のように補償導線で環境温度の影響を除去すると同時に，**ブリッジ回路**を用いて基準点(ゼロ点)の調整を可能とすることにより検出精度が向上される。

6.3.3　抵抗測温体

　金属材料の抵抗値は，温度によって変化する。導体や半導体のなかで，特に抵抗–温度変化特性の優れているものを使用して，温度を検出する抵抗体の総称を**抵抗測温体**と呼ぶ。

　0℃における抵抗値を R_0，t〔℃〕における抵抗値を R_t，抵抗温度係数を α とすれば，

$$R_t \fallingdotseq R_0 (1+\alpha \cdot t)$$

として，金属線の抵抗値は算出できる。

　図6·26では，抵抗測温体と基準抵抗を用いて供給電圧 V_r の分圧出力あるいはブリッジ出力を測定することにより温度を検出している。抵抗測温体として用いられる，おもな金属の特性を表6·2に示す。

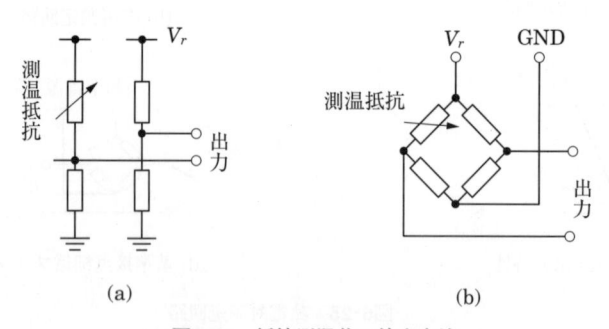

図6·26　抵抗測温体の検出方法

表6・2

物質	抵抗温度係数〔/K〕	融点〔℃〕	使用範囲〔℃〕
白金	3.96×10^{-3}	1 773.5	$-250\sim1\,600$
クロメル	4.97×10^{-3}	1 445	<200
銅	4.32×10^{-3}	1 084	<150

[1] 白金抵抗測温体

白金(platinum)は，化学的に安定で経年変化も少なく，高温の雰囲気中でも酸化することがなく，比較的高純度のものが得られことから，高熱・耐熱部品および温度測定用検出要素として古くから用いられてきた。機械的な強度に乏しいため，マイカなどの耐熱絶縁体にらせん状に巻き付けて，保護管に密封した形態で用いられたりする。

[2] サーミスタ

NiO，Mn_2O_3などの金属酸化物を焼結して作った半導体のなかには，図6・27(a)のように温度上昇にともない，著しく抵抗値の減少するものがある。これら化合物のなかから，安定性，温度−抵抗変化特性の良好なものが抵抗測温体として使用され，その総称をサーミスタ(thermistor)と呼ぶ。サーミスタは極めて感度が高く，応答性にも優れている。

また焼結して作るため，形状が自由で図(b)のように樹脂コーティングをして防水性をもたせたり，図(c)の体温計の先端などへ用いるなど実装性に富み，強度も高く振動に対しても安定している。さらに，合金元素の配分により様々な特

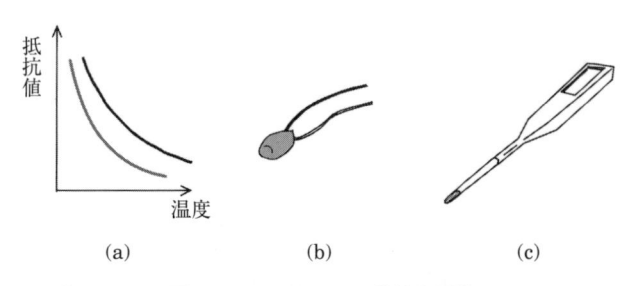

図6・27 サーミスタの特性と用途

性のものが製造できるため，広い範囲にわたって使用されている。

6.3.4 その他の温度検出器

その他の温度検出要素を簡単に紹介する。

〔1〕 水晶温度センサ

水晶発振子の発振周波数は，温度変化によって3次式的に変化する。1次直線傾向の良好な発振子を用いることにより，温度変化を発振周波数変化として検出することができ，ディジタルセンサとして使用できる。

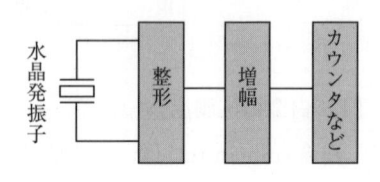

図6・28 水晶温度センサのブロック図

〔2〕 磁気温度センサ

金属の磁気変態点である**キュリー点**(curie point)近傍で磁気特性の急激に変化する感温磁性材料を用い，このキュリー温度を基準温度に利用したものが**磁気温度センサ**である。図6・29(a)の特性をもつ磁気材料，永久磁石および電気接点を図(b)のように組み合わせると，設定温度に達したとき接点の開くリードスイッチが構成できる。この素子は，交流透磁率にも極めて急峻な特性を示すため，無接点の**ソリッドステートリレー**としても応用されている。

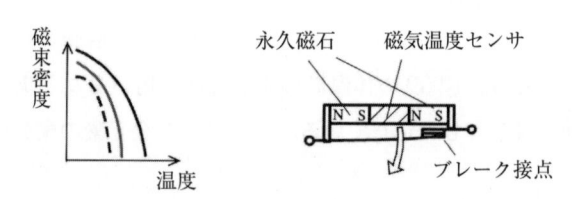

(a) 磁束密度と温度特性　　(b) 磁石温度リードスイッチ

図6・29 感温磁性体によるリードスイッチ

〔3〕 光高温計

物体の**熱放射**(heat radiation)を利用して，観察により温度を測定する熱放射温度計の1つに**光高温計**(optical pyrometer)がある。被測温体と高温計内の測

定フィラメントの輝度を一致させて，フィラメントに流れる電流から温度を比較測定するもので，携帯に便利であるが測定にはある程度の熟練を要する．

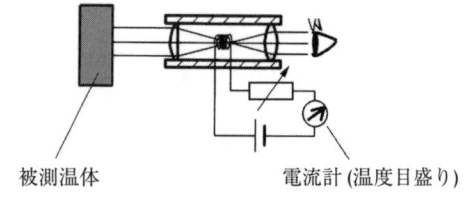

図6・30　光高温計

〔4〕赤外線検出器

すべての物体からは，その温度に応じた赤外線が放出されている．**赤外線検出器**（infrared sensor）は可視光線よりも大きな波長をもち，人間の目には見えない赤外線を検出し，電気信号として出力する検出要素の総称である．図6・31(a)のように集光レンズで赤外線検出素子に赤外線を収束することにより出力電圧の変化によって検出を行う．非接触型のセンサとして極めて広い利用範囲をもち，図(b)に示す家庭の防犯灯やトイレの自動排水センサなどにも用いられている．

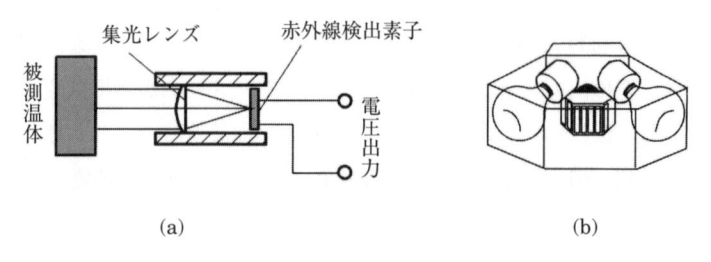

図6・31　赤外線検出装置

6.4　流量センサ

プロセス制御や流体の制御においては，粉体や微小物体，流体の移動状態を検出することが必要となる．位置などの機械的な変化と異なり，これらの測定には様々な工夫がなされている．ここでは主として，自動車エンジンのマイコン制御に伴う流量センサを題材として取り上げてみる．

流量の測定方法は図6・32に示すように，(a)単位時間当たりの流量を体積で

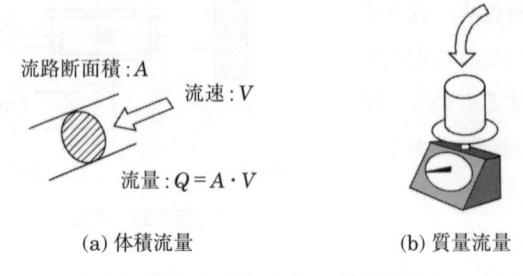

流路断面積:A
流速:V
流量:$Q = A \cdot V$

(a) 体積流量

(b) 質量流量

図6·32 体積流量と質量流量

求める**体積流量**と(b)単位時間当たりの流量を質量(重量)で求める**質量流量**とがある。

6.4.1 可動ベーン式流量計

図6·33は**可動ベーン式流量計**の例である。作動力の小さなポテンショメータの回転軸に取り付けた**ベーン**(vane)を流路の途中に設置して，流体の質量流量の変化をベーンの回転角として検出し，ポテンショメータから抵抗変化として出力する。この方法はベーンの慣性が大きいため，加減速時の遅れや**オーバーシュート**(行きすぎ)が生ずるので，過渡的現象に対しては補正を必要とすることもある。

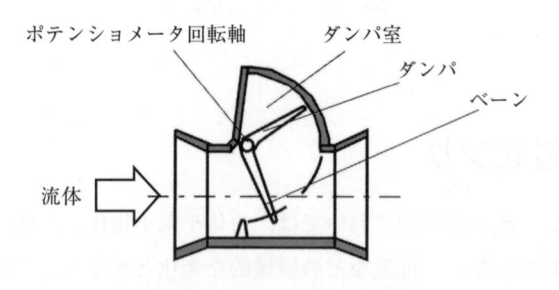

図6·33 可動ベーン式流量計

6.4.2 熱線式流量計

電流を流して加熱した抵抗線を流体中に置き，流体の通過により冷却されることによって生ずる熱線の抵抗変化を検出して質量流量を測定する。流体の温度により，冷却効果や比重量も変化するため温度補償が必要となる。応答性は高いが，流速密度の不均一による誤差が考えられる。

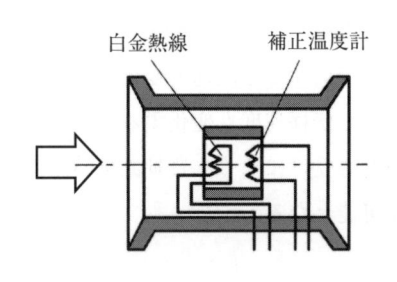

図6・34　熱線式流量計

6.4.3 カルマン渦式流量計

整った流れ（これを整流という）の中に置かれた障害物のうしろには，互い違いの規則的な渦列が発生する。これを**カルマン渦列**（karman vortex）と呼ぶ。図6・35に示すように流路中に発生する渦の数は流速に比例するので，流路と垂直に超音波送受信機を設けて，超音波がさえぎられることによって生ずる受信機出力の変化からこの渦の数を測定することにより，流速変化を周波数変化として測定することができる。流速に急激な変化があるときには，流体の慣性や渦相互の干渉によって誤差の生ずることがある。

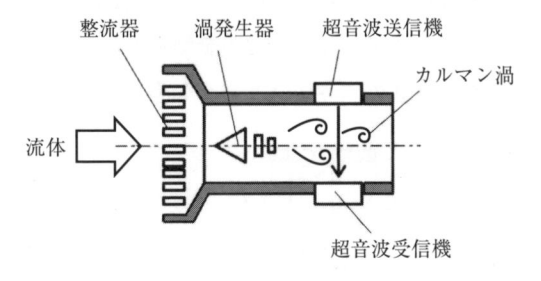

図6・35　カルマン渦式流量計

6.4.4 超音波式流量計

図6・36のように，流路中で超音波を送受信すると流速の変化により超音波の伝播速度も変化する。温度の影響も受けにくく，質量流量の測定が可能となる。

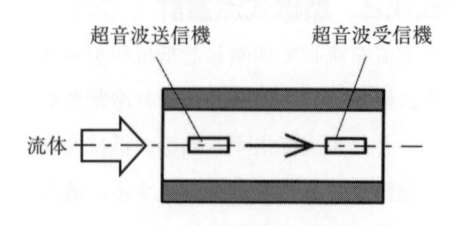

図6・36 超音波式流量計

6.4.5 電磁流量計

図6・37に電磁流量計を示す。通電性の高い流れの方向と直角に磁界を与えると，管の直径D，流速Vに比例した誘導起電力Eが発生する。誘導起電力Eは，流体の密度，粘度，圧力などの影響を受けず，粉体や固形物の混入した流体の測定にも適しているので，広い分野で活用されている。

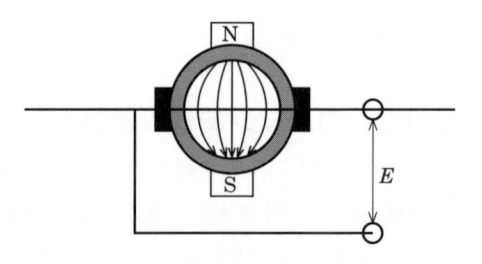

図6・37 電磁流量計

6.4.6 差圧流量計

流路の途中に絞りを設けると，絞りの前後に圧力差P_1–P_2が生じる。流量Qは圧力差の平方根に比例するので，この圧力差を測定することにより流量を検出できる。差圧は流路面積の変化の大きいほど高くなる。

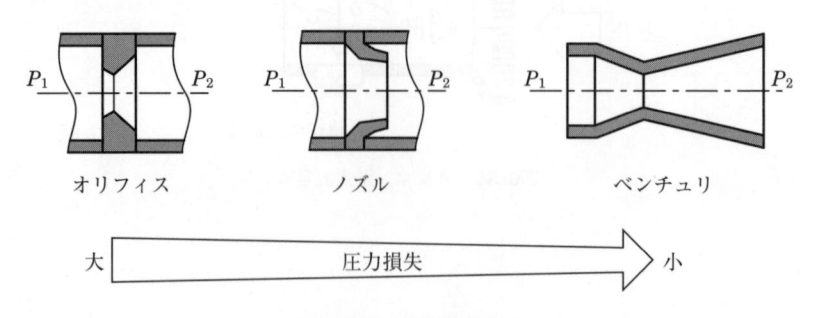

オリフィス　　ノズル　　ベンチュリ

大　　圧力損失　　小

図6・38 差圧流量計

6.4.7 回転型流量計

図6・39(a)は，タービンの回転から電圧あるいは周波数出力を得て流量を測定するものである。図(b)は，水車の回転をフォトインタラプタで計数し，流量を測定するものである。

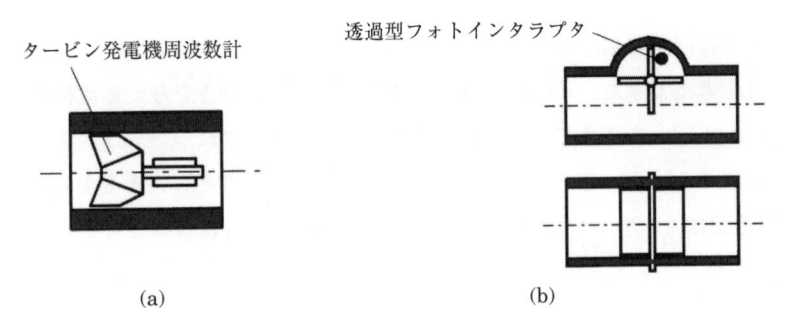

図6・39　回転型流量計

第7章　メカトロニクスの運動機器

前章までに回路要素，メカニズム，そしてセンサという順でメカトロニクスの基礎項目を考えてきた。この章では，メカトロニクスに動きを与える直接の機器（アクチュエータ）を考えてみる。電気を動力としたモータについては，ステップモータを取り上げる。さらに，メカトロニクス独特の分野ともいえる空気圧制御機器（最近では「エアトロニクス」という言葉も聞かれる）について考えてみる。

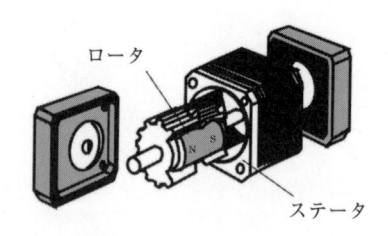

7.1　ステップモータ

ステップモータ(step motor)は，回転の様子がステップ運動を行うことからこのように呼ばれている。また，制御信号の多くが電気パルス信号であることから，**パルスモータ**(pulse motor)とも呼ばれている。

与えた信号に忠実に追従して作動するため，制御量を監視する必要のない，高精度の**オープンループ制御**が可能なディジタル・アクチュエータ(actuator)として，位置決め制御や速度制御に用いられている。身近なところでは，針式の時計の大部分はステップモータを動力源にしている。一般的な汎用ステップモータの概略を図7・1に示す。構成部品は出力軸をもつ**ロータ**，励磁コイルをもつ**ステータ**，ベアリングなどをもった**ハウジングケース**を主とする。

図7・1　ステップモータの外観

7.1.1 ステップモータの種類と構造

[1] 回転子による分類

回転子 (rotor) によるステップモータの分類を図7·2に示す。

① 永久磁石型 (PM型)：ロータに**永久磁石** (permanent magnet) を用い, **固定子** (stator) との反発, 吸引を利用して回転力となるトルクを得るものである。ロータの磁力の経年変化によりトルクの低下が生じる。

② 可変リラクタンス型 (VR型)：溝付きの鉄心をロータに用いて, **磁気抵抗** (reluctance) 変化を利用してトルクを得るものである。経年変化はないが, PM型に比べて発生するトルクは小さくなる。

③ ハイブリッド型 (HB型)：PM型とVR型の長所を併せもった複合 (hybrid) 型のロータである。

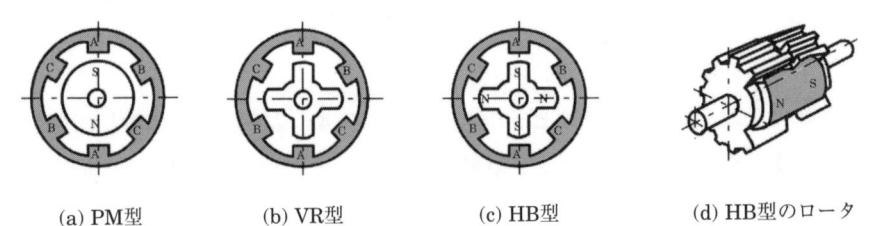

(a) PM型　　(b) VR型　　(c) HB型　　(d) HB型のロータ

図7·2　ロータによるステップモータの分類

[2] 励磁相数による分類

ステータコイルの励磁相数により, 2相・3相・4相・5相などの種類があり, 実用的には, 2相モータと4相モータは同一のものとして考えられる。

7.1.2 ステップモータの動作原理

図7·3(a)において, ステータの励磁コイルをA, B, $\overline{\mathrm{A}}$, $\overline{\mathrm{B}}$とする。このような励磁相をもつステップモータを2相あるいは4相ステップモータと呼ぶ。図(a)のドライバトランジスタ $\mathrm{Tr}_1 \sim \mathrm{Tr}_4$ を制御信号 $\mathrm{S}_1 \sim \mathrm{S}_4$ でスイッチングし, 各励磁相の極性を順次切り替えて, 図(b)のように制御すると, ロータは図のように右回転を行う。このスイッチングの方法がステップモータの回転特性を決定する。

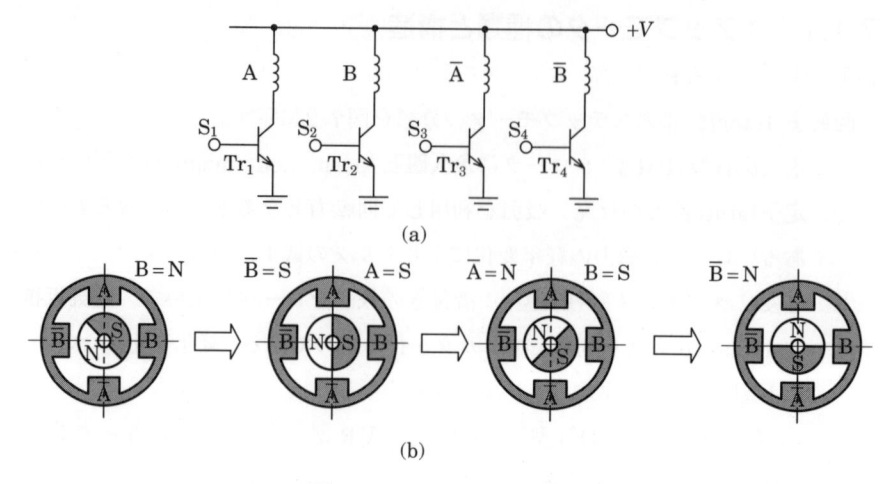

図7・3 ステップモータの動作原理

[1] 1ピッチ駆動

隣り合うコイルの交差角を**ピッチ**と呼ぶ．図7・4のように1ピッチずつ励磁相を切り替える励磁方法を**1ピッチ駆動**と呼ぶ．ロータが図(a), (b)の位置にある状態を**安定点**と呼ぶ．

1ピッチ駆動には，前述のように1相ずつ励磁するものと，同時に2相ずつ励磁する方法がある．同時に2相ずつ励磁する場合には，1相励磁に比べてほぼ2倍ちかい磁力が得られるので，軸に生ずるトルクも高いものとなる．

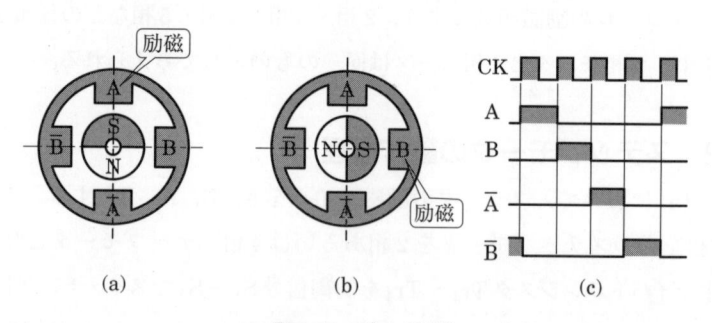

図7・4 1ピッチ駆動

[2] 半ピッチ駆動

図7・5に示すタイムチャートでは，1相励磁と2相励磁を交互に繰り返している。その結果，図7・6に示すように1クロックでロータが半ピッチずつ回転する。この駆動方法を**半ピッチ駆動**と呼ぶ。この半ピッチ駆動を行うと，図に示すように1ピッチ駆動の2倍の数の安定点が発生する。

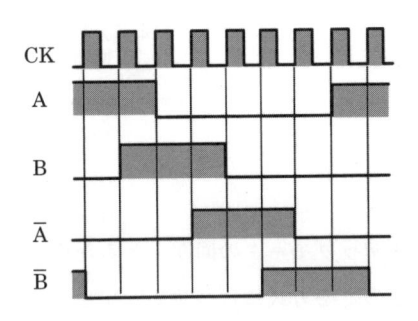

図7・5 半ピッチ駆動のタイムチャート

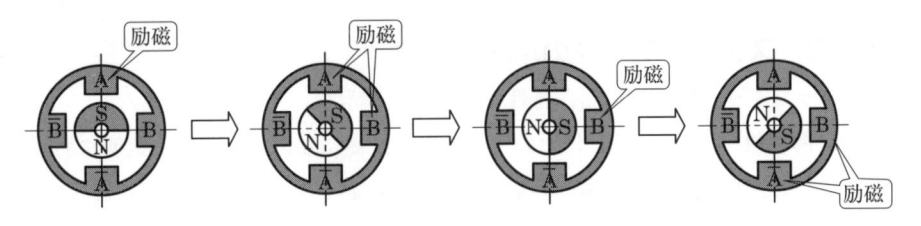

図7・6 半ピッチ駆動

[3] 分解能

ステップモータが，1パルスで回転する角度を**分解能**と呼ぶ。前述の [1]，[2] から，ハード的には同一のモータでも励磁方式によって分解能の変わることがわかると思う。

1rev./180pulseというモータは，1pulseで2deg.回転するから，分解能は2deg.になる。ただし，これは1ピッチ駆動の場合である。前述のように，このモータを半ピッチ駆動で励磁すると，1回転につき2倍の360pulseを必要とするから，分解能は倍の1deg.になる。これを利用すれば，励磁方式によりモータの分解能を高くすることができる。

[4] ステップモータの駆動方法

以上のことから，ステップモータを駆動するには図7・7のような**ブロック図**が考えられる。

```
クロックパルス → パルス分配回路 → ドライバ回路 → ステップモータ
```

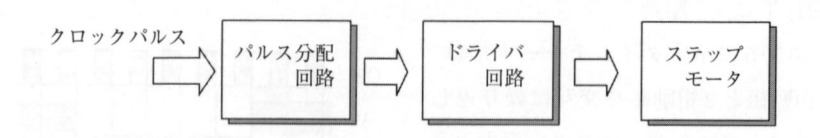

図7・7　ステップモータ制御のブロック図

ステップモータの同期をとるためのクロックパルスは，パルス発生回路で作る。前述の励磁方式に合わせて分配したパルスを動力として用いるために，ドライバ回路を経由させてモータを駆動させる。

7.1.3　ステップモータの用語と特性

ステップモータ特有の用語，特性について次に示す。

（a）**静特性**　　図7・8(a)において，A相がN極に励磁されて停止状態にあるとき，この点を**安定点**と呼ぶ。外部からロータにわずかな回転を与えると，ステータとロータ間の吸引力により，図(b)に示すトルクが生じる。励磁静止時のこの特性を**静特性**と呼ぶ。

（b）**安定点**　　図7・8(a)に示す**安定点**は，ロータとステータ間で最も磁力の強く作用する点である。ロータおよびステータの両磁極間の角度偏差がゼロであ

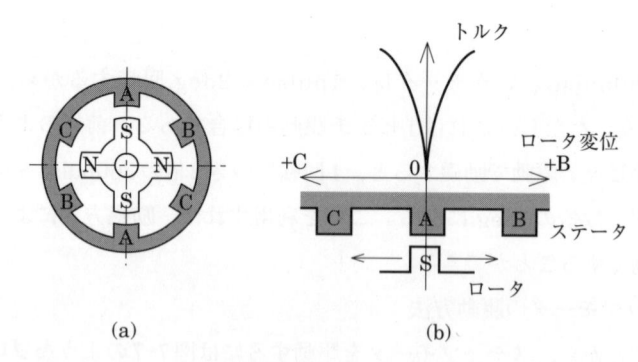

図7・8　安定点における静特性

るから，トルクもゼロとなる．1回転につき200パルスを必要とするステップモータの1ピッチ駆動での安定点は200となる．

(c) **ステップ角**　クロックパルス1パルスで回転する角度を**ステップ角**あるいは**ピッチ**という．この値がステップモータの分解能となるが，前述のようにモータの構造と励磁方法から決定される．

(d) **パルスレート**　ステップモータの回転速さを示し，クロックパルスの周波数を用いてPPS(Pulse/Second)で表する．

(e) **動特性**　運転時における特性を**動特性**という．図7·9に示すように速度−トルク線図を用いて表す．

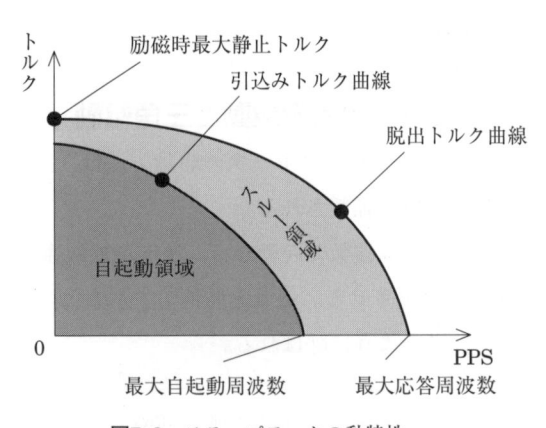

図7·9　ステップモータの動特性

- **励磁時最大静止トルク**(holding torque)：定格電圧の励磁停止状態において，出力軸に外部から負荷を与えたときに生ずる静特性トルクの最大値をいう．
- **自起動領域**(start stop region)：ステップモータが外部からの補助力を用いずに起動，停止できるトルク−速度の組み合わせ領域をいう．
- **最大自起動周波数**(maximam starting pulse rate)：無負荷状態における自起動可能な最大周波数である．
- **最大応答周波数**(maximam slewing pulse rate)：無負荷状態で制御できる

最大の周波数である。ステップモータの最大回転数となる。
- **引込みトルク**(pull in torque)：各負荷条件における自起動周波数の限界値をいう。これ以上の周波数では起動できない。
- **スルー領域**(slew range)：自起動領域内で起動したステップモータに，適当な加減速制御を加えることにより運転できる実用上の制御範囲をいう。
- **脱出トルク**(pull out torque)：各負荷条件における制御可能周波数の限界値である。
- **脱調**：不適切な加減速の結果，トルクと周波数の組み合わせが脱出トルク曲線を越えてしまうと，ステップモータは制御不能となってしまう。この現象を脱調と呼ぶ。

7.1.4　ステップモータの台形駆動と三角駆動

以上のような特性から，ステップモータの駆動方法は，図7・10に示すような**台形駆動**あるいは**三角駆動**が推奨される。

起動時は自起動領域内の周波数で起動して，適度な加減速で運転の後，停止時は再び自起動領域内で停止させる。これを時間-速度の線図で表すと台形あるいは三角形となるので，このように呼ばれる。

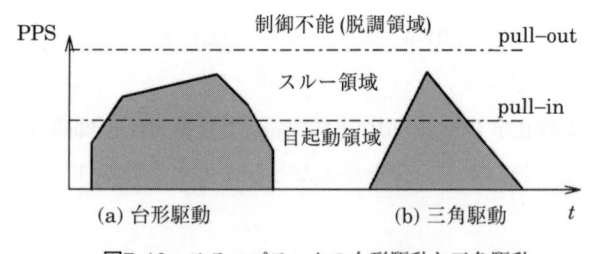

図7・10　ステップモータの台形駆動と三角駆動

7.1.5　ステップモータコントロール IC

ステップモータを駆動するには，図7・11に示すようなシステム構成が考えら

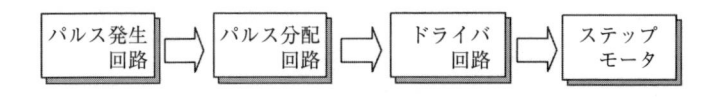

図7・11 ステップモータ制御のブロック図

れる。それぞれの要素を汎用部品で単独に構成することも可能であるが，一般的にはこれらをIC化したステップモータコントロール専用ICが用いられる。

図7・12にステップモータコントロールICの例を示す。

例示のICは，外部からクロックパルスを供給して制御入力線で動作モードを決定するコントロールICの例で，命令信号解読回路，パルス分配回路，ドライバ回路を内蔵した市販品の例である。それぞれの信号線は次のように使う。

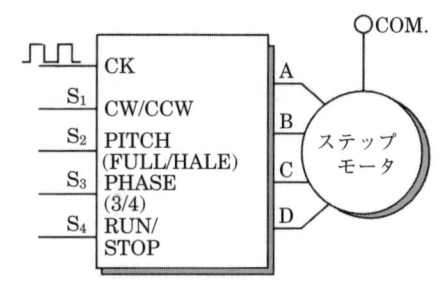

図7・12 ステップモータコントロールICの例

CK：クロックパルス供給線
S_1：回転方向指定　　　［H：CW(時計回り)　L：CCW(反時計回り)］
S_2：励磁モード指定　　［H：1ピッチ　　　　L：半ピッチ］
S_3：モータ相数指定　　［H：3相　　　　　　L：4相］
S_4：起動・停止指定　　［H：起動　　　　　　L：停止］

7.1.6　いろいろなステップモータ

[1] 電気-油圧ステップモータ

ステップモータは追従性が高く，フィードバックをとる必要もなく，高精度の制御が可能なモータである。一方，従来より高トルクを必要とする場合には油圧モータが用いられてきた。追従性の高い電気ステップモータと高トルクの油圧モ

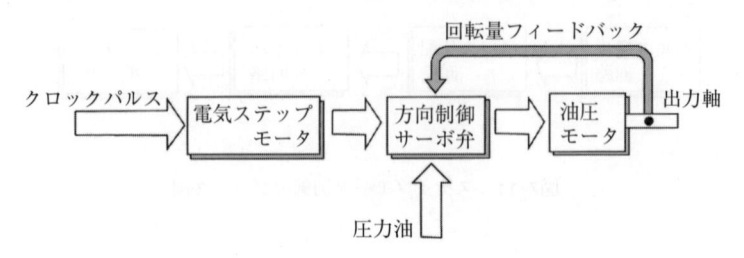

図7·13 電気-油圧ステップモータ

ータを組み合わせたものが，**電気-油圧ステップモータ**(electric hydoric step motor)である。図7·13にそのブロック図を示す。

① 小型電気ステップモータに制御クロックパルスを与え，**方向制御弁**を操作する。
② 制御パルスに相当する操作量だけ弁が駆動され，圧力油が油圧モータへ供給される。
③ 油圧モータ出力軸が制御クロックパルスに相当する分だけ回転すると，方向制御弁を逆方向に操作し，圧力油の供給を遮断する。

電気-油圧パルスモータは以上のような動作を行い，小さな制御信号で大きな動力を得ることのできる，ハイブリッドなモータである。出力軸の回転をねじ機構により方向制御サーボ弁にフィードバックするため，モータの分解能はねじ部とサーボ弁の性能に依存する。

[2] リニアステップモータ

円筒状のステータとロータを平面状に展開したものが，**リニアステップモータ**（linear step motor)である。回転-直動の変換機構が不要なため，高速度での直線位置決めが可能である。図7·14に示すように大型のプロッタや測定機器などに採用されている。

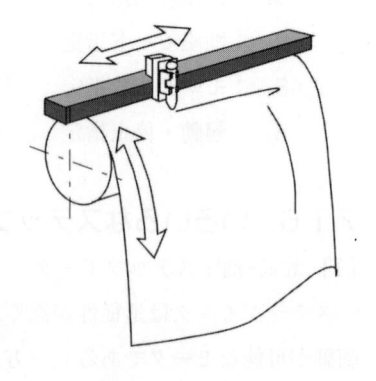

図7·14 大型プロッタ

[3] 身近なステップモータ

水晶発振の針式時計に組み込まれたモータは，独立したステータ，ロータの構造をとっていないが，極めて小型のステップモータである。概略を図7・15に示す。

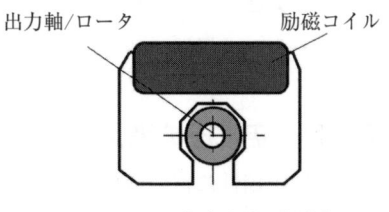

図7・15 針式時計の駆動部

7.2 空気圧制御機器

空気圧制御技術は自動化・省力化において，最も導入の容易な技術の1つである。作動流体として用いる空気はどこにでもあり，排出も周囲環境への影響を最小限に留めることが可能である。

近年では，単に空気を圧縮し大気へ放出するのみの使用法に留まらず，メカニズムを駆動して運動形態の変換を行ったり，コンピュータと接続し人間的な動きを実現するような用途まで様々な方面に発展し，「エアトロニクス」なる用語も聞かれるようになった。

7.2.1 空気圧技術のあらまし

圧縮あるいは減圧された空気の力を**空気圧**と呼ぶ。これを各種の機構により変換し，機械的な力を得たり，物体の移動・加工に用いる技術が空気圧技術である。生産現場において，空気圧は様々な形態で用いられているが，これらを次のように分類してみよう。

① **空気圧をそのままの形で用いるもの**
- 正圧の噴射を利用したもの：エアダスタ，塗装用エアガン，空気搬送，印刷用紙さばき，など
- 負圧・真空の吸引を利用したもの：掃除機，真空搬送機，など

② **空気圧に機構を用いて機械的能力を与えたもの**：空気ハンマ，空気ドリル，空気シリンダ，空気モータ，など

③ 空気圧に情報処理・制御を加えてシステム構成要素としたもの：空気圧シーケンス機器，空気圧ロボット，など

7.2.2 空気圧の考え方

空気は圧縮性に富む流体である。この性質を利用して機械的に空気を流動させることにより，必要とする空気圧が得られるのである。日常的には大気圧をゲージ圧0MPaとして，これよりも高い圧力を**正圧**，低い圧力を**負圧**と呼んでいる。正圧を発生する機械はその圧力により次のように分類される。

- **圧縮機**：0.1MPa以上の空気圧を発生する機械
- **送風機**：0.1MPa未満の空気圧を発生する機械

また，負圧を発生する機械は圧縮機の吸入側を利用することにより，大気圧より低い圧力を作り出している。

通常，空気圧と呼ぶ場合は，圧縮機によって作り出された圧縮空気を対象としている。したがって，本章においても特に断りのない限り，0.1MPa以上の圧縮空気を扱うものとする。部品を負圧で吸引して搬送する装置も空気圧機器である。

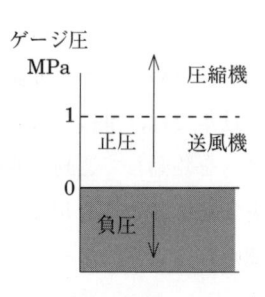

図7・16 空気圧の分類

なお，工学分野ではSI単位系を使用するが，現存する機械では従来の重力単位（工学単位）も使用されている。実用的には圧力の単位は，$0.1\text{MPa} \fallingdotseq 1\text{kgf/cm}^2$ と考えておけばよいだろう。

7.2.3 空気圧制御機器と図記号

空気圧制御に用いる機器を次のように大別する。
- 空気調質・調圧機器
- 検出機器・操作機器
- 制御機器
- アクチュエータ

7.2 空気圧制御機器

[1] 空気調質・調圧機器
① **エアフィルタ**：圧縮空気中のごみや異物を取り除くフィルタ
② **レギュレータ**：圧縮空気の出力圧力を一定に調整する調圧機器
③ **ルブリケータ**：圧縮空気中に適当な潤滑油を添加する機器

これら3点は空気圧の調整を行うもので，小型のものはユニット化・セット化されている。

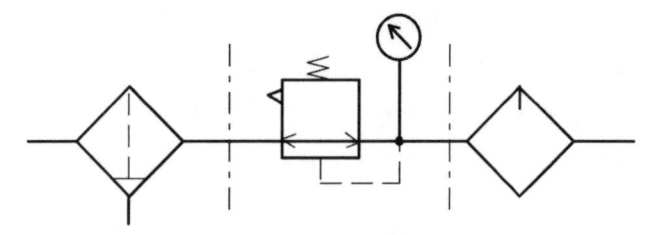

(a) ドレン付きエアフィルタ　(b) パイロット型レギュレータ　(c) ルブリケータ

図7・17　空気圧調整機器の図記号

[2] 検出機器・操作機器
① **リミットバルブ**：ローラを押すことにより空気流路が切り替わり，物体の有無やシリンダの位置などを検出する機器である。

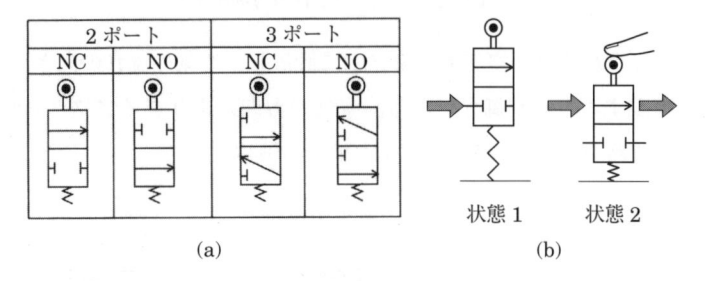

図7・18　リミットバルブ図記号と2位置弁の動作

② **スタートバルブ**：弁の構造はリミットバルブと同一であるが，ローラの代わりに押しボタンを付けて，動作の開始や終了などの手動入力を検出する機器である。

図7·19　スタートバルブ図記号

[3] 制御機器

① **方向切替え弁**：シリンダなどへの空気流路を切り替える弁である。切替え方法には，手動・ソレノイド・エアパイロット型などがある。

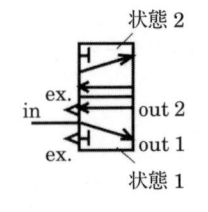

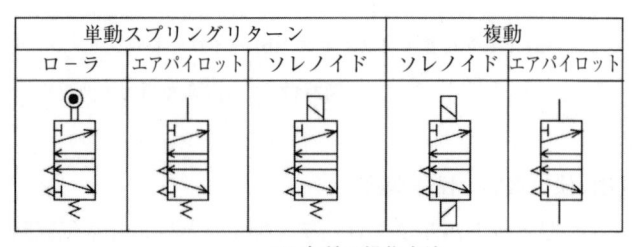

(a) 制御弁本体　　　　　　　　　　(b) 各種の操作方法

図7·20　5ポート2位置方向制御弁

② **チェックバルブ**：空気流路の途中に設置し，空気の流れの向きを一定方向に制限する方向制御弁である。空気の方向によりダイアフラムが変形し，空気流路をON／OFFし，流れの向きを制限する。

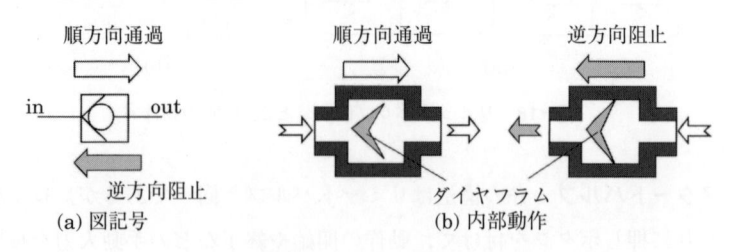

(a) 図記号　　　　　　　　　　(b) 内部動作

図7·21　チェックバルブ

7.2 空気圧制御機器

③ **シャトル弁**：2方向からの空気の流れの，どちらかを出力するOR機能をもった弁である。

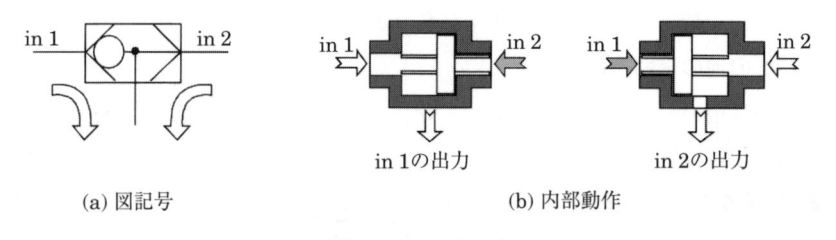

(a) 図記号　　　　　　　　　(b) 内部動作

図7・22 シャトル弁

④ **スピードコントローラ**：**絞り弁**とチェック弁を組み合わせて，一方向は流量制御，逆方向は無制限に通過という機能をもたせた弁で，アクチュエータの速度制御に用いる。

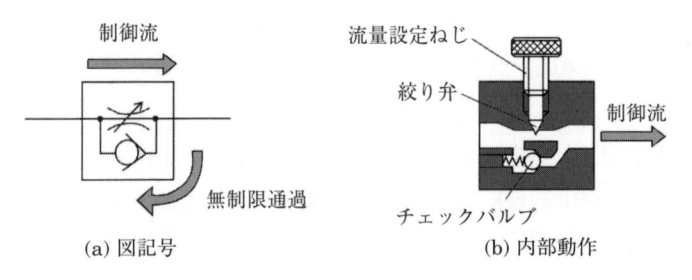

(a) 図記号　　　　　　　　　(b) 内部動作

図7・23 スピードコントローラ

[4] アクチュエータ・その他

① **空気圧シリンダ**

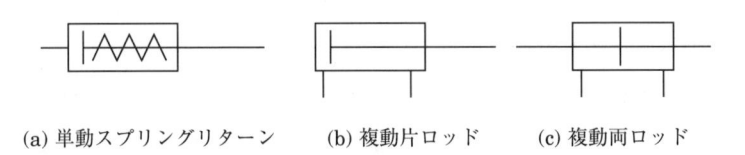

(a) 単動スプリングリターン　(b) 複動片ロッド　(c) 複動両ロッド

図7・24 空気圧シリンダ

- 空気圧で推力を受ける向きにより，**単動型・複動型**
- ロッドの形式により，**片ロッド型・両ロッド型**

その他，支持方式などにより様々なものが市販されている。

② その他の補助機器

補助的に用いられる機器の図記号を図7・25に示す。

- **貯圧タンク**：圧縮空気を貯蔵しておくタンクである。
- **消音機**：空気圧制御弁の排気ポートに付ける。

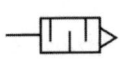

(a) 貯圧タンク　　(b) 空気圧供給口
(c) 消音機　　(d) インジケータ

図7・25　補助機器

7.2.4　空気圧シーケンス制御技術

空気圧制御の大部分は，シリンダの前進，後退の端点動作と順次的なシーケンス動作である。空気圧シーケンス制御は，そのシステム構成から次のように分類される。

（a）**電空制御**　動力である空気圧を電気信号により制御するもので，主として電磁リレーやリミットスイッチを制御要素とするものである。ステップ数の少ない，固定的なシーケンスに適している。

（b）**全空制御**　空気圧を動力源とするとともに，制御信号にも空気圧を用いたもので，ステップ数の小さな電気火花を嫌うシステムなどに用いられる。

（c）**シーケンサ制御**　シーケンスステップが多かったり，シーケンスの変更が頻繁に行われるような場合に用いられる方式で，多くの種類がある。

① 空気圧式シーケンサ：空気圧により論理判断・信号処理を行うもので，ソフトウェア的全空制御ともいえる。

② プログラマブルコントローラ：マイクロプロセッサで入出力を監視し，プログラムでシーケンスを実行するもの，通常**シーケンサ**といえばこれを指す。

7.2.5 空気圧シーケンス制御のタイムチャート

シーケンスを正しく分析するために，空気圧機器の動作を図示することが必要である。空気圧制御のタイムチャート作成においては，制御対象の運動速度が極めて遅いことに注意しなければいけない。シリンダの動きに着目すれば，方向制御弁にパルス的な制御信号を与えて弁が切り替わり，シリンダが前進し始めてから停止するまでの状態を明確に表現することが大切である。

図7・26を例にシリンダシーケンスのタイムチャートを考えてみよう。

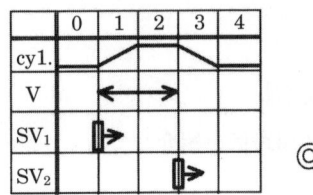

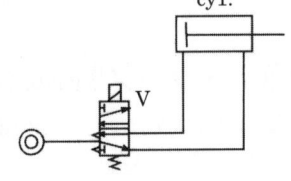

図7・26 複動シリンダの往復制御

システム構成を，
- 制御対象：複動シリンダ（cyl.）
- 制御機器：5ポート切替え弁（V）
- 操作機器：3ポートスタートバルブ（SV_1，SV_2）

とする。

機器の表記法を，

  cyl.＝右上がり：前進

    右下がり：後退

    水平：停止

  V＝矢印区間：前進側へ圧縮空気を出力

    空欄：後退側へ圧縮空気を出力

  SV_1：前進用スタートバルブ

  SV_2：後退用スタートバルブ

ともにパルス入力とすればシーケンスは，

⓪ 準備段階：シリンダの初期位置は後退側とする。
① シリンダ前進：スタートバルブ1が押され，シリンダ前進用ポートに圧縮空気が供給される。
② シリンダ停止：前進位置で状態保持
③ シリンダ後退：スタートバルブ2が抑され，シリンダ後退用ポートに圧縮空気が供給される。
④ シーケンス終了：シーケンス0へ戻り，初期状態となる。

となる。

7.2.6 空気圧シーケンス制御の例

空気圧制御機器の基本的なシーケンス回路例を紹介しておく。シーケンス制御の詳細については，第8章を参照してほしい。

（a）**手動前後進回路**　SW_1で前進，SW_2で後進になる。リレーの**自己保持動作**を利用している。

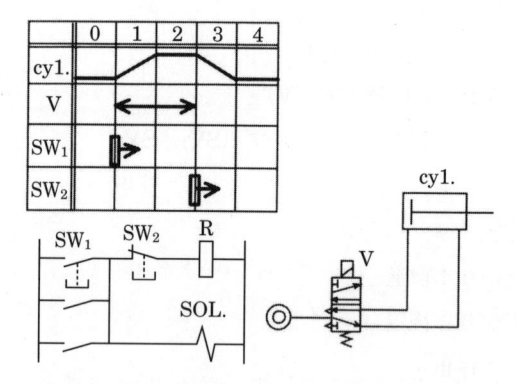

図7・27　手動前後進（単動ソレノイドバルブ）

（b）**自動前後進**　図7・27のSW_2をリミットスイッチに置き換えると，自動復帰をする。

7.2 空気圧制御機器

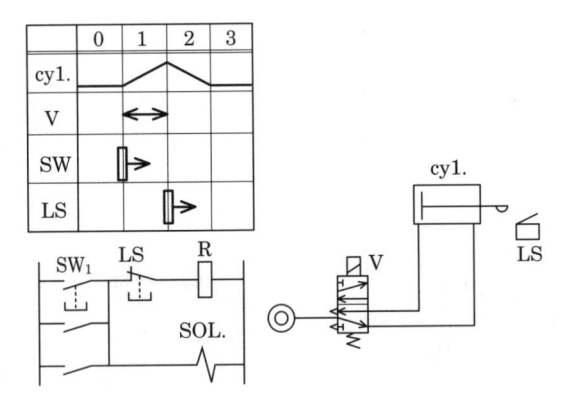

図7・28 自動前後進（単動ソレノイドバルブ）

(c) 全空自動前後進　ソレノイドの切替え弁をパイロット型に置き換えて，図7・28と等価の回路を組んだ。

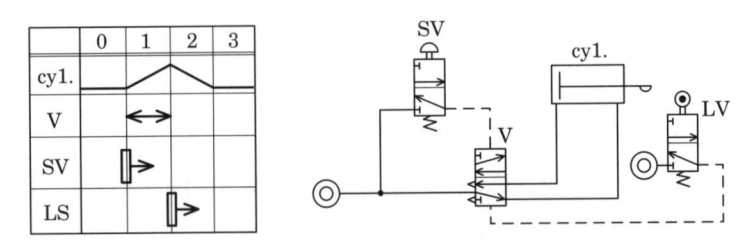

図7・29 自動前後進(全空制御)

(d) ANDによる簡易安全回路　プレス作業の安全を考えた場合，始動用の操作機器にAND機能をもたせた簡単な回路が実用化されている。

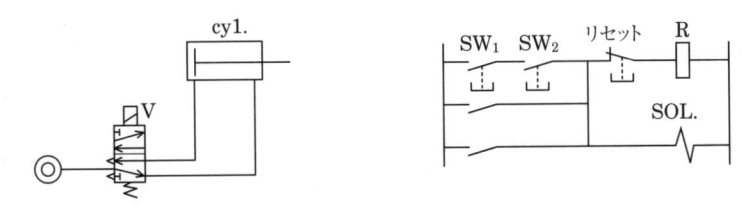

図7・30 ANDによる安全回路

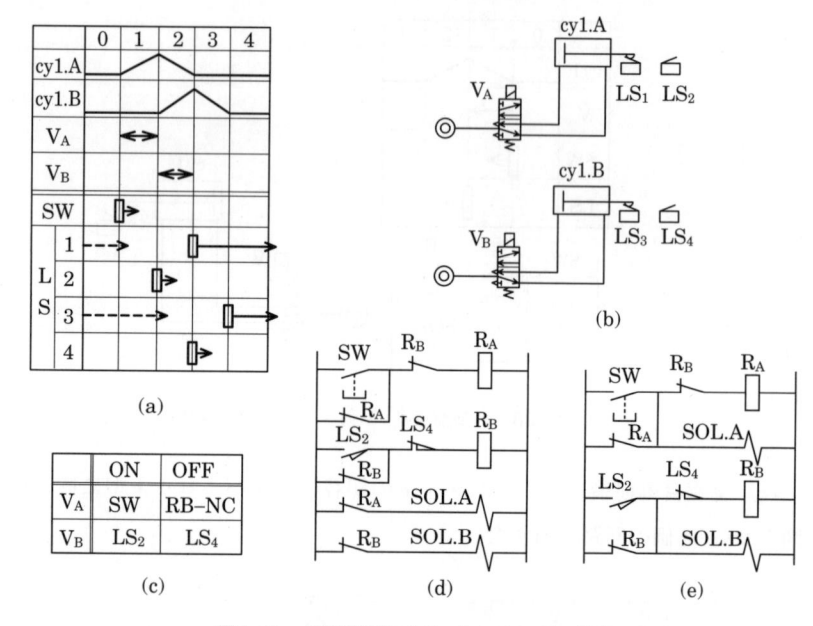

図7·31 空電制御による2本シリンダの制御

● **2本シリンダのシーケンス制御回路の設計手順**

① タイムチャートからV_A，V_Bを制御する検出要素を決定する。

　　V_A：SWで前進，LS_2で後退

　　V_B：LS_2で前進，LS_4で後退

　LS_2が切換え動作のトランスファ接点とすると，V_Bの常時接点の閉じているNC接点を用いることにする。

② ①の結果からシーケンス図を作成すると図(c)となる，リレーの接点数を減少させるためには図(d)も考えられる。

　保持用接点と負荷用接点の共用は好ましくないが，ソレノイドバルブの励磁電流が微弱なため接点数の少ないリレーの場合には実用可能である。

(e) **タイマを用いたシーケンス制御**　　シーケンス制御のなかで，タイマ制御は重要な役割を果たす。ここでは，空気圧要素によるタイマの作り方を紹介して回路を作ってみる。

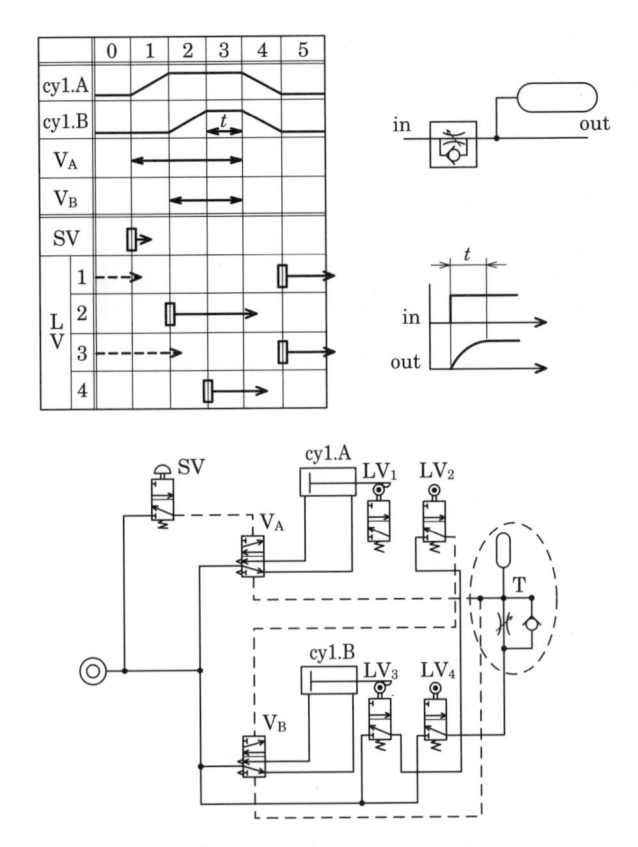

図7・32　全空制御によるタイマシーケンス制御

7.2.7　メータインとメータアウト

　空気圧シリンダや空気圧モータの速度制御には，スピードコントローラを用いる。

　図7・33に示すように，スピードコントローラの取付けには，**メータインとメータアウト**がある。

　図(a)のメータインは流入空気量を絞る方法で，流路を通過後に圧縮空気の拡散による減衰が避けられず，アクチュエータの**びびり**などの原因ともなる。図

(b)のメータアウトは，圧縮空気を全圧でアクチュエータに送り込み，出口で絞るために正確な速度制御が行える。このような理由から，通常は図(c)に示す両方向メータアウトが用いられる。

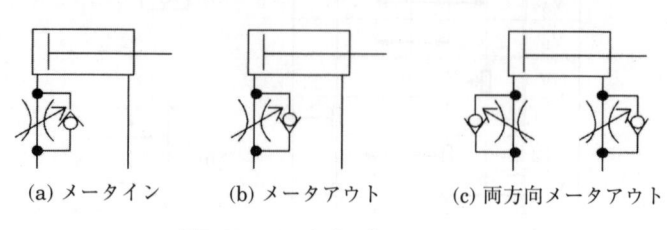

(a) メータイン　　(b) メータアウト　　(c) 両方向メータアウト

図7·33　メータインとメータアウト

第8章　メカトロ制御系の基礎

　私達は日常，照明を灯けたり消したり，お湯を沸かしたりあるいは自動車を運転したり，…など，「あるものの状態を，自分の望む方向へ向ける操作」を極めて自然に行っている。この操作を**制御**(control)という。やかんのお湯が沸くのを監視しながら火加減を調整するのは手動制御，電気ポットで常にお湯を一定温度に保つのが自動制御である。極端にいえば，私達の生活の全てが制御だといえないこともない。ここでは，メカトロ運動系について考えてみる。

(a)　　　　　　　　　　　(b)

図8・1　手動制御と自動制御

8.1　制御系の分類

　制御方法には，いろいろな分類の仕方が考えられる。この章では主として，運動体制御の基本となる**シーケンス制御**(sequential control)と**フィードバック制御**(feedback control)について考えていく。

8.1.1　シーケンス制御

　「あらかじめ定められた順序に従って，制御の各段階を逐次進めていく制御」を**シーケンス制御**と呼び，条件制御・時間制御・順序制御などが挙げられる。

[1] 有接点シーケンス

機械式接点をもつスイッチ，リミットスイッチ，電磁リレーなどを構成要素として，簡単な回路構成で大電力の制御が可能になる。反面，可動部や接点の摩耗，動作速度の低いこと，接点のチャタリングなどの問題点が挙げられる。図8・2に**リレー**(relay)の概略を示す。

図(a)がリレーの基本構造である。切換え動作のトランスファ接点と励磁コイル，接点を戻すスプリングが主たる構成要素である。接点端子は，**共通端子**(common：COM)，**常時開**(normaly open: NO)，**常時閉**(normaly closed: NC)の3つで1回路(1組)となる。一般には，1つのコイルで複数の接点を同時に切り替える2回路，3回路などのものが市販されている。図(b)は電流制御用のリレーの外観で，大きな接点電流を流すために外形も大きくなる。図(c)は小型リレーで，信号制御や小電流負荷に用いられる。図(d)はIC出力で駆動のできるもので，ICの外形寸法に合わせて作られていて基板上に実装することが可能である。

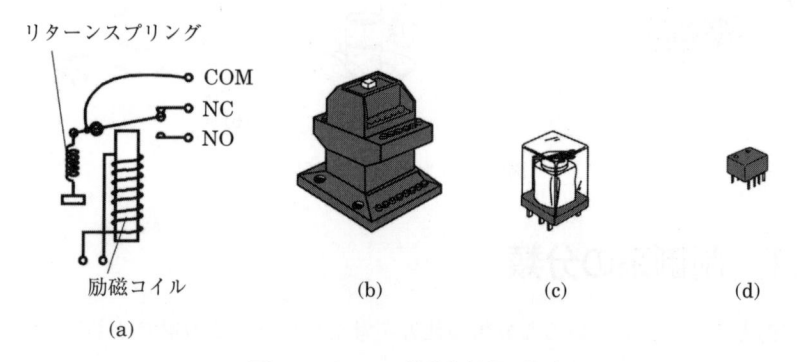

図8・2 リレーの構造と外観の概略

[2] 無接点シーケンス

トランジスタやICなどの半導体スイッチング素子により，シーケンス回路を構成するものの総称を**無接点シーケンス回路**と呼ぶ。高速動作が可能で，騒音や摩耗がないなどの利点が挙げられるが，ノイズの影響を受けやすく，制御電力が

小さい，回路変更が困難であるなどの点が考えられる．信号処理は半導体論理素子などで行い，最終段の電力制御を有接点電磁リレー，トランジスタ・サイリスタ・トライアックなどの電力制御素子あるいはソリッドステートリレー（SSR）と呼ばれる無接点リレーなどで行うのが一般的である．

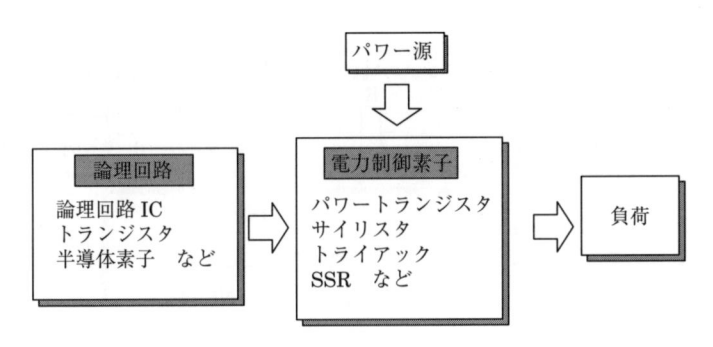

図8・3　無接点シーケンス回路ブロック図

[3] プログラマブルコントローラ

結線で構成したシーケンス回路は，回路が複雑になるとシステムの変更が困難になる．シーケンス制御専用のマイクロコンピュータとメモリで制御回路部を構成して，大電力を制御できる操作部をもったプログラム可能なシーケンス制御機器を**プログラマブルコントローラ**（programmable controller：PC），または**シーケンサ**（sequencer）と呼ぶ．シーケンサ（PC）はシーケンス制御の対象により，各メーカーから様々な形式のものが供給されている．

アクチュエータとして，空気圧機器を対象としたものは，主として両端の端点信号によりシーケンスを実行する．また，論理入力を主体としたものは，論理式の記述などによりプログラムを組み上げるものもある．

さらに，パソコン上でソフトウェアによりシーケンサ動作を実行して，拡張ポートから外部に出力を供給するようなものまで，機能，形状を限定することができない．

[4] リレーシーケンスの基本回路

　負荷を直接制御したり，回路変更をすることの少ない小規模のシーケンス回路などを構成する基本回路を紹介する．シーケンス回路の接続を示すための図記号にはいくつかの規格があるが，ここでは説明上，図8·4に示す図記号を用いることとする．

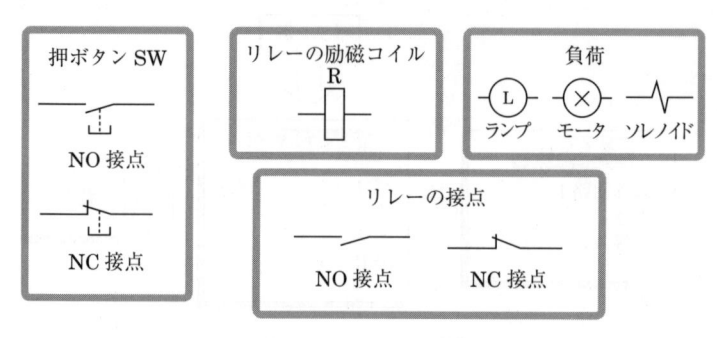

図8·4　リレーシーケンス説明図記号

（a）**自己保持回路**　　図8·5に示すように，リレー自体の接点を利用して，自己の動作を保持する回路を**自己保持回路**（lock up circuit）と呼ぶ．

　図(b)のように，シーケンスの流れを縦に示したものを縦書きシーケンス図と呼ぶ．この回路では手動によりセット入力を瞬間的に与えると，リレーのコイルが励磁され，リレー接点が切り換わることによって制御入力が保持される．セッ

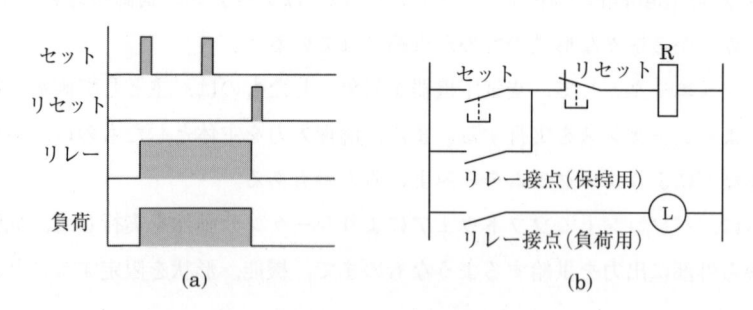

図8·5　自己保持回路

8.1 制御系の分類

ト入力が切れた後も，保持用の接点が励磁電流を流しているので，コイルへの電流が保持される。リセット入力によりリレーコイルへの電流が断たれると，保持が解除される。別系統のリレー接点に負荷を接続することにより，小電流の瞬間入力により大きな負荷電流を保持制御することができる。自動装置の電源部には必要な回路である。

(b) **インタロック回路**　複数の信号がほとんど同時に入力された場合，電気的に最も早い入力信号を優先し，他との干渉を防ぐ回路を**インタロック回路**(interlock circuit)と呼ぶ。図8·6において，AとBのセット信号がほぼ同時に入力されたとき，入力Aのほうが電気的に先入力とするとリレーAが励磁され，Aの回路が保持されると同時に，リレーBの回路はAの接点が断たれて電気的に遮断されてしまうため，スイッチBに与えられた入力は無効とされる。入力Bが先行する場合には，これと逆のシーケンスが成立する。アクチュエータなどの干渉を避けるときなどに用いられる回路である。

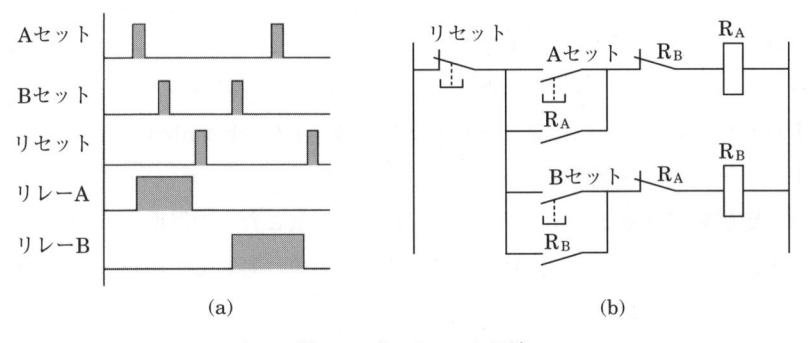

図8·6　インタロック回路

(c) **順序回路**　高回転・高負荷の工作機械では，回転軸を始動する前に潤滑油を供給するための送油用ポンプを駆動しなければならない場合がある。このように，順序を必要とする操作を実行する回路を**順序回路**(sequential circuit)と呼ぶ。

図8·7は，2つの入力AとBにおいて，入力BはスイッチAの入力が与えられ

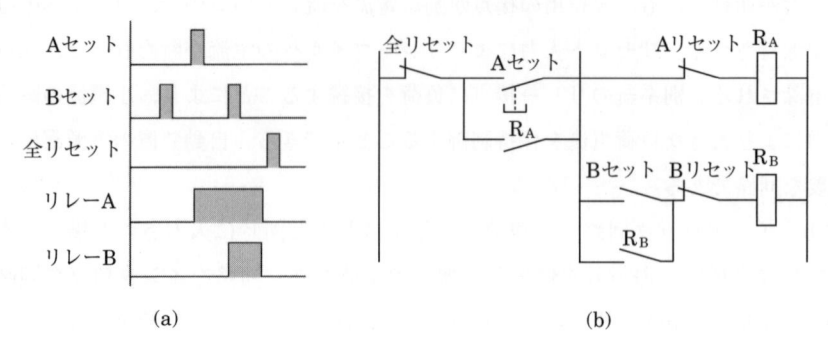

図8・7 順序回路

た後に，はじめて有効になるように順序づけられた回路である。

前述の例でいえば，リレーAの保持用とは異なる接点で送油用ポンプを制御し，リレーBで主軸用モータを制御する場合に適用できる。

8.1.2 フィードバック制御

現在の制御量を常に目標値に**帰還**して，その**偏差**から操作器の操作量を決定し，**制御対象**を制御する方法を**フィードバック制御**(feedback control)と呼ぶ。

[1] フィードバック制御の分類

(a) **定値制御**(fixed command control)　電気こたつの温度を一定に保ったり，水位を一定に保つなど，**外乱**を受ける制御対象に対して，設定された目標値を常に維持する制御方式をいう。

(b) **追従制御**(follow up control)　入力電圧の値に比例した移動量を取るX-Yレコーダやプロッタのペン先，天体の動きを追う望遠鏡の自動制御など，移動する対象物に追従して目標値が常に変化する制御をいう。

(c) **オンオフ制御**(ON OFF control)　上限と下限の目標値を設定して，この2値の間で信号や動力のON/OFFを行う制御をいう。

(d) **プログラム制御**(program control)　目標値の変化があらかじめ定められて，何らかの方法で指定されているときに，制御対象がそれに応じて動作する

制御をいう。

[2] フィードバック制御の基本動作

　図8·8にフィードバック制御の基本動作を示す。一般的に，フィードバック入出力については，追従制御における**ステップ入力**に対する出力特性が論じられる。

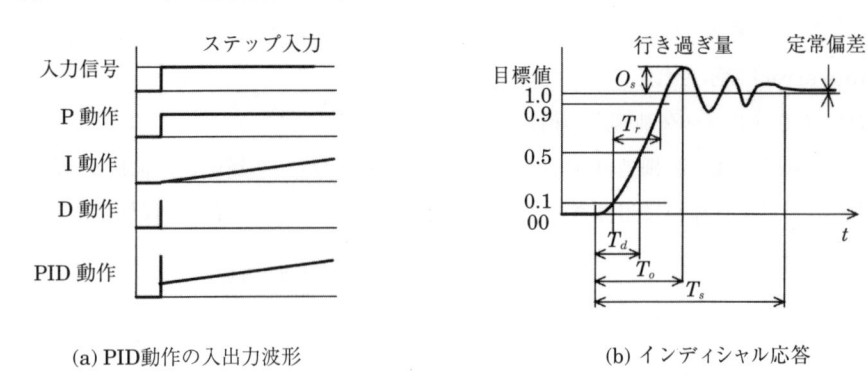

(a) PID動作の入出力波形　　(b) インディシャル応答

図8·8 フィードバック制御の特性

　(a) **P動作**　　偏差に対して操作量が比例する動作で，**比例制御**（proportional control）という。

　(b) **I動作**　　偏差を時間的に蓄積して操作量を決定する動作で，**積分制御**（integral control）という。

　(c) **D動作**　　偏差量の変化率に応じて操作量を決定する制御で，**微分制御**（differential control）という。

　(d) **PID動作**　　フィードバック制御においては，前述の全ての動作が含まれた制御が行われる。

　(e) **ステップ入力に対するインディシャル応答**　　フィードバック制御系にステップ入力を与え，出力が安定するまでの過渡現象を示したものが，図(b)の**インディシャル応答**である。

　追従性については，
- **整定時間**（settling time）：T_s　出力の安定するまでの時間
- **上昇時間**（rise time）：T_r　出力が目標値の10%から90%になるまでの時間

● 遅延時間 (delay time)：T_d　出力が目標値の50%に達するまでの時間

などで一般的に考察される。

安定度は，

● 行き過ぎ量 (over shoot)：O_s や行き過ぎの回数

で示され，**精度**は時間が十分経過した後の定常状態における**定常偏差** (steady state error) で示される。

[3] フィードバック制御系の構成

図8·9に直流電動機速度制御を例としたフィードバック制御系の構成を示す。最終制御量を目標値に追従させるために偏差を求め，それに従った操作量で制御

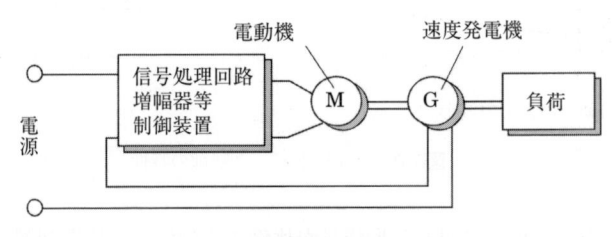

(a) 電動機の速度制御の例

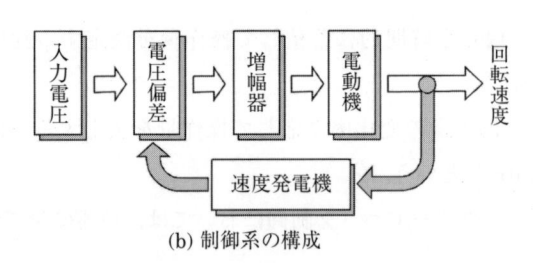

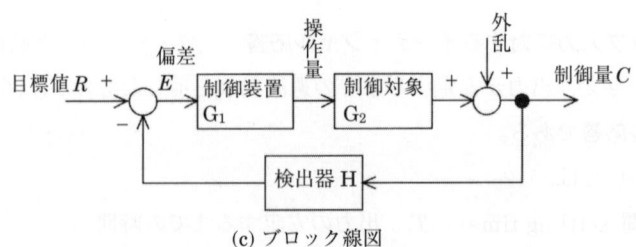

(b) 制御系の構成

(c) ブロック線図

図8·9　フィードバック速度制御系の構成

対象を駆動して外乱による影響を再び検出して，常に追従動作を実行している。

フィードバック制御は電子系，機械系などその分野を問わず，あらゆる制御システムの基本となり，特に次のような分野では独特の方向に発展している。

(a) プロセス制御　製油プラントや化学プラント，鉄鋼・製紙工業などのように原材料を加工し，最終生産物を産み出す製造行程を**プロセス工業**という。これらの過程が支障なく運用されるよう，温度・圧力・流量などを制御するフィードバック制御系を**プロセス制御**(process control)と呼ぶ。

(b) サーボ制御　前述の図8・9のように，主として物体の位置・角度・速度・姿勢などの機械量を制御し，制御対象を目標値の任意の変化に追従制御させるフィードバック制御系を**サーボ制御**(servo control)と呼ぶ。

8.1.3　ファジー制御

従来の制御方式は，入出力の間に定量的な一義的関係を打ち立てて，偏差に応じた操作量を決定するものであった。

ファジー制御(fuzzy control)は，人間の思考方法に似た"あいまいさ"を積極的に導入し，主として人間の感性に直接かかわるような事象について，合成的・直感的に矛盾，予知などを包括した制御を行う方式である。

[1] ファジー集合

「熱いお風呂」について考えれば，

① 何℃が熱いと感じるのか

② 誰もが熱いと感じるのか

など，あいまいな点が指摘できる。これを**定量的**に分析的して「41.5℃以上を熱いとする」と設定するのが従来の制御方式で，図8・10の破線 $F(x)$ で示される。ここで，縦軸は

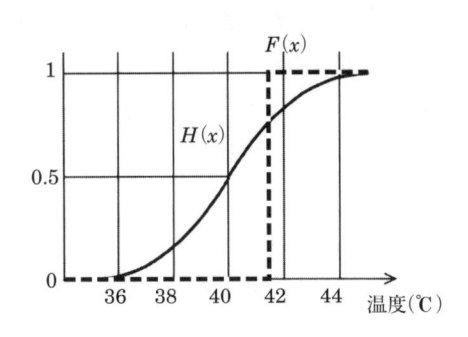

図8・10　熱いお風呂の集合体：H

真偽の程度を定量化した係数とする。しかし，人間の感覚から判断すると，図8・10の $H(x)$ で示す傾向も考えられる。

このように，「熱いお風呂」，「ぬるいお風呂」，「速い自動車」…のように性質のみで**定性的**に分類された集合を**ファジー集合**と呼ぶ。

図8・11に，

　　H：熱いお風呂の集合
　　M：適温のお風呂の集合
　　L：ぬるいお風呂の集合

のファジー集合を示す。

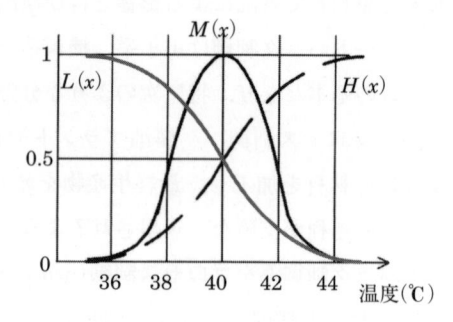

図8・11　お風呂の温度について

[2] ファジー推論

図8・11を用いて41℃のお風呂を判定してみよう。

図に示す$H(x)$，$M(x)$，$L(x)$は各集合の程度を示す関数で，これを**メンバーシップ関数**と呼ぶ。

図8・11では，各集合におけるメンバーシップは，$H(41) ≒ 0.7$，$M(41) ≒ 0.9$，$L(41) ≒ 0.3$となる。

この結果から，

① メンバーシップの最大値を優先すれば41℃は適温である。
② 真偽の**しきい値**を0.7とすれば41℃はやや熱いが，適温である。
③ 41℃はぬるくない。

などの結論を誘導することができる。

③はどのような判断方法でも明白であるから，①と②の結果がファジー論理の特徴といえる。

特に，②に挙げるあいまいさを含んだ推論は，**ファジー推論**と呼ばれる。

[3] ファジー制御の特徴と応用例

コンピュータの小型化，高速化，大容量化にともない多くの演算を必要とするファジー制御の実用化が可能となった。従来，人力に頼らざるを得なかった分野や経験を必要とされる分野にファジー制御が採用され，人間の勘や経験をとり入れた自動制御が実現されている。

(a) **電車の運転制御**　電車の自動運転にファジー制御を採用し，安全性・乗り心地・停止精度などを損なうことのない自動運転が実現されている．

(b) **水温制御**　水の加熱・冷却は制御対象が2次遅れ要素を含んでいて，比較的不安定な制御対象である．ファジー制御の**予知動作**により高温と低温の水を混合し，適温制御を可能としている．

(c) **洗濯機・掃除機**　水の汚れや流入空気中のごみを検出することにより，適当な水流や吸込み負圧を調整し，定性的な制御を実現している．

8.2　メカトロ制御系

フィードバック制御のなかで，最もメカトロに関係の深いと思われるサーボ制御について考えてみよう．

8.2.1　軸駆動を例とした制御方式の分類

図8・12にディジタル（パルス）入力を用いたメカトロ制御系システムの構成例を示す．

制御系は，
① 制御結果を監視しないシステム：**開回路**(open loop)　図(a)
② 制御結果を監視し，それにより制御状態を決定するシステム：**閉回路**(closed loop)　図(b), (c)

に大別できる．

図(b), (c)において，位置センサからの信号を入力側へ戻す操作を**フィードバック**(feedback)と呼び，このような制御系を**フィードバック制御**(feedback control)と呼ぶ．

図(a)は，追従性に優れたステップモータをアクチュエータに用いたもので，軽負荷に適し，システム構成も容易となる．コンピュータとディジタル技術の発展にともない多方面に採用されている．

図(b)は，実際の移動量を測定し，制御量にフィードバックをかける方法で精

(a) 開回路

(b) 閉回路

(c) 簡易型閉回路

図8·12 メカトロ制御系の分類

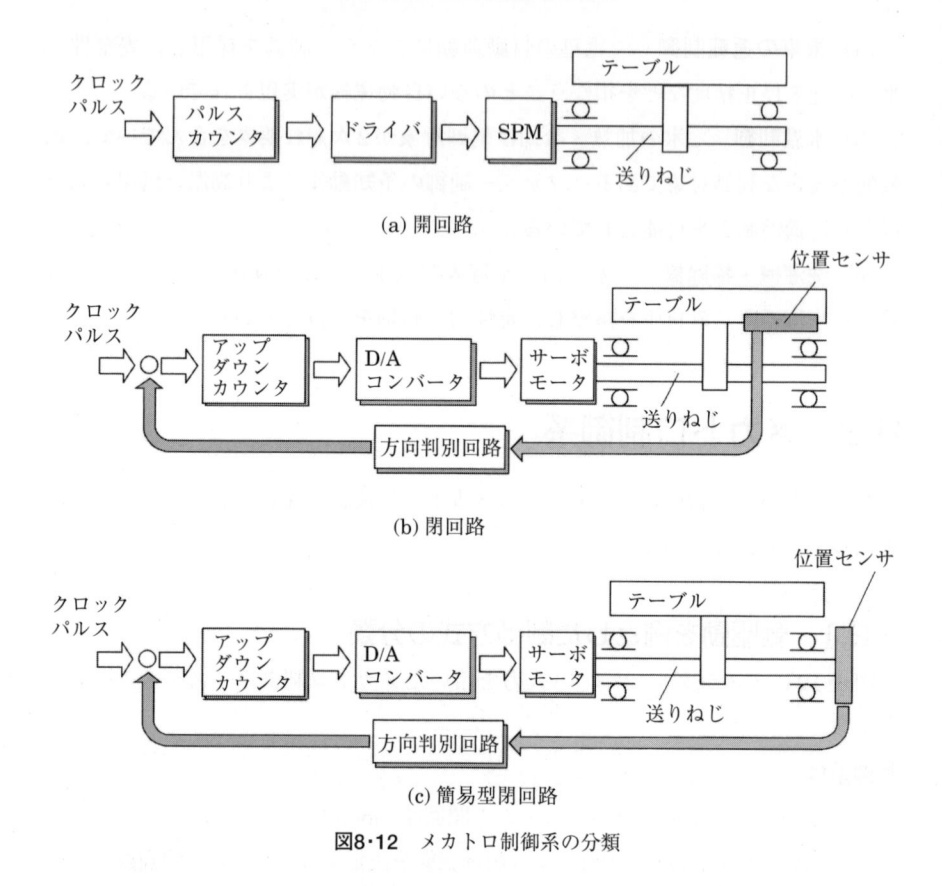

度と信頼性が極めて高いが，システムが高価になることと位置センサが制限されてしまう構成である。

図(b)と(c)の相違点は，位置の検出方法にある。図(b)は，直線移動量を直接検出するのに対し，図(c)は送り軸の回転量から間接に検出するという点である。

直線移動距離を直接検出するセンサと，回転角を検出するセンサを比較すると，生産精度の安定性の点で後者のほうが有利とされている。

したがって，モータの回転を直動に変換する機械的な変換機構の精度が確保されれば，図(c)の方法で十分な制御結果を得ることが可能となる。

現在では，高精度のボールねじが量産されることにより，図(c)の**簡易型閉回路**(semi closed loop)が一般化している。

8.2.2 制御系のブロック線図

多くの場合，制御系の入出力は**ブロック線図**(block diagram)で表される。

図8・13で，G_1, G_2, G_3, Hは，各要素の入力信号と出力信号の関係を示す関数で，**伝達関数**(transfer function)と呼ばれる。

図(c)は図8・9(c)の伝達関数だけを抜き出したものである。このようにすると，システム構成が見やすくなることは前述した。ただ，この図ではブロックごとの伝達関数が単独で書き並べられているだけなので，全体としての系への入出力は見やすいとはいえない。ブロック図も一定の手続きに従うと，代数式のように変形，簡略化ができる。

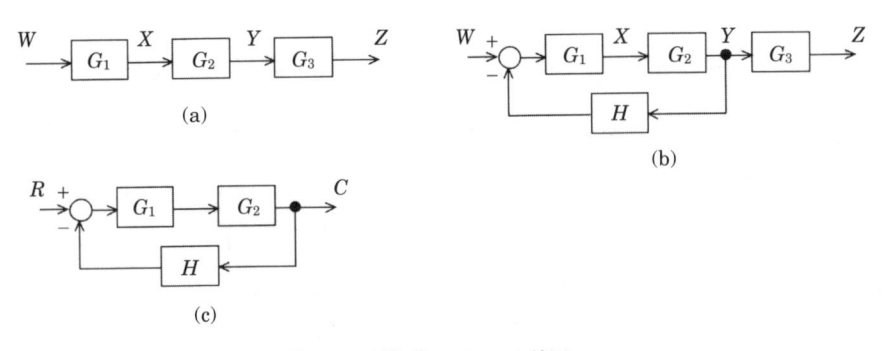

図8・13 制御系のブロック線図

図8・14に示す**等価変換**の手順に従えば，図8・13(c)は図8・15(a), (b), (c)のように変換ができる。

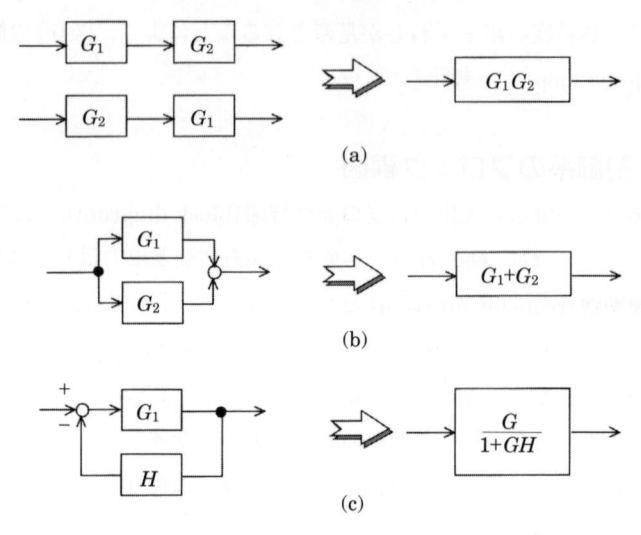

図8・14 伝達関数の等価変換

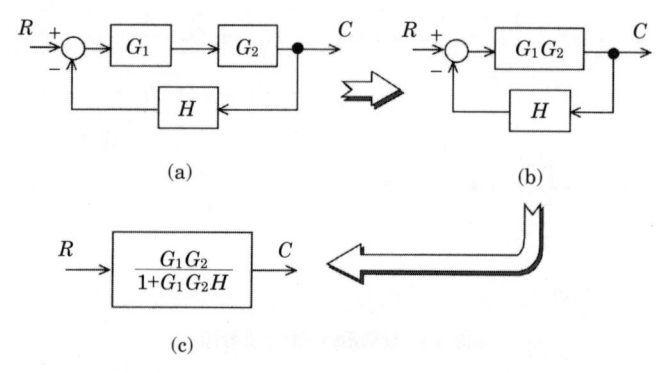

図8・15 フィードバック制御系ブロック線図の等価交換

8.3 位置の制御

　OA機器のプリンタやプロッタ，工作機械のNCやロボットなどにおいては，ペンや工具の位置を制御することが不可欠であり，そのシステムの用途や価格か

ら各種の制御方式が用いられている。

システムにおける座標の取扱いは，直交2軸平面を例とすると次のように定めることができる。

(a) **絶対座標系**(absolute system) 図8・16において，点P，Qを原点：Oに対する絶対値で認識する座標系である。

(b) **相対座標系**(incremental system) 図8・16において，点P，Qを互いの偏差によって認識する座標系である。

また，直交3軸系の座標軸は，図8・17のように取り扱われる。

ワーク上の任意の点に原点を設定したとき，X，Y，Zの各軸は，図(a)のように決定する。Z軸は，ワークと制御点が離れる向きを+方向とする。各軸の回転軸の向きは，図(b)に従う。

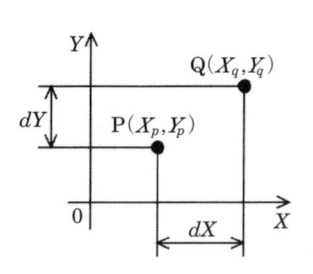

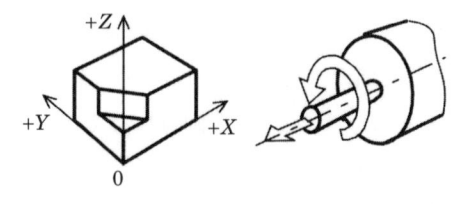

図8・16 直交2軸平面座標

(a) 座標軸の決定法 (b) 回転軸の決定法

図8・17 座標軸と回転軸の決定法

8.3.1 位置決め制御

図8・18(a)の点Pから点Qへの移動について，始点と終点のみに着目して，途中の経路を問題としない場合を**位置決め制御**(positioning control)と呼ぶ。

この場合，X-Y座標系の値を各軸ごとに単独で満足することのみが要求されるので，システムの構成は比較的簡単なものとなる。

図(b)，(c)に位置決め制御の例を示す。

図(b)は穴あけの例である。X-Yの位置決めを制御し，Z方向の送りはカムなどでも制御できる。

図(c)は，円筒系座標をもつロボットによりワークの搬送を行うハンドリングの例である。

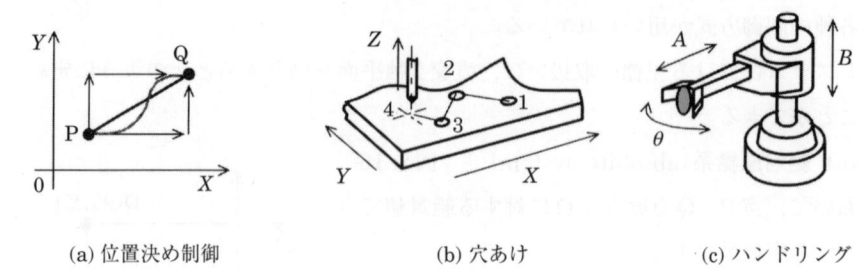

(a) 位置決め制御　　　(b) 穴あけ　　　(c) ハンドリング

図8・18　位置決め制御とその例

8.3.2　輪郭制御

図8・19(a)で，点Pから点Qまでの移動において，経路1または経路2を通過することを要求される場合を**輪郭制御**(contouring control)と呼ぶ．

通過経路が限定されているため，X-Y軸は各瞬間において一定の制約に基づき適当にパルスを分配制御しなくてはならない．この分配する動作を**補間**(interpolation)と呼ぶ．図(a)で，経路1を**円弧補間**(circular interpolation)，経路2を**直線補間**(linear interpolation)と呼ぶ．図(b)，(c)に輪郭制御の例を示す．

図(b)は円弧補間の例で，目標とする輪郭に沿って工具が制御される．

図(c)の工具軌跡は直線であるが，2本の制御軸を常に協調させるために直線補間制御が必要となる．

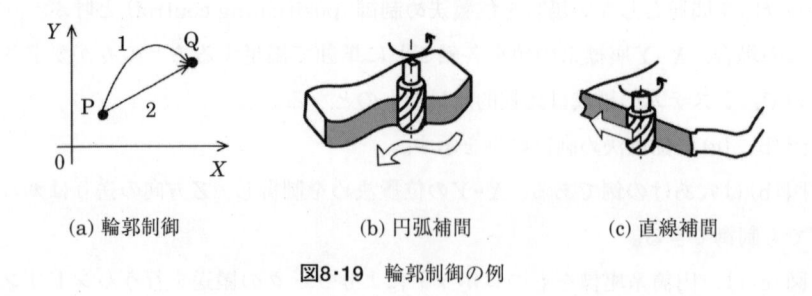

(a) 輪郭制御　　　(b) 円弧補間　　　(c) 直線補間

図8・19　輪郭制御の例

8.3 位置の制御

[1] MIT方式補間回路

NC工作機械開発の初期に，MIT(マサチューセッツ工科大学)によって開発された補間方式である．必要とする制御量を2進コードでレジスタに与え，フリップフロップを通過した基準クロックパルスでゲートを制御するものである．原理的に直線補間のみに対応し，円弧補間は目標とする曲線に近似した細分化直線の集合として処理される．図8・21に原点O (0, 0)から点P (5, 3)までのMIT方式直線補間の軌跡を示す．

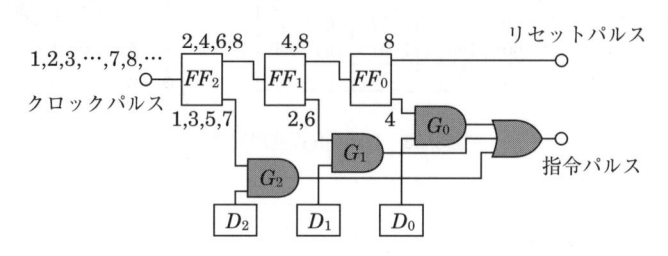

図8・20 MIT方式補間回路(1軸分)

$X = 5 = (101)_2$ から 1,3,5,7,4

$Y = 3 = (011)_2$ から 2,6,4

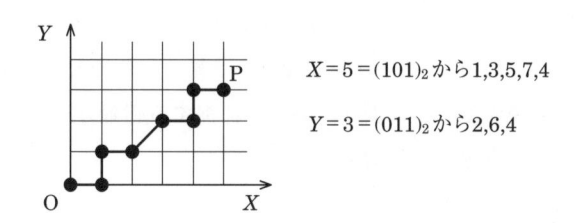

図8・21 MIT方式補間回路の例

[2] DDA(Digital Differential Analyzer)方式補間回路

図8・22において，必要とするパルス数を2進コードでレジスタDに準備しておき，クロックパルスの与えられるたびにDレジスタの内容

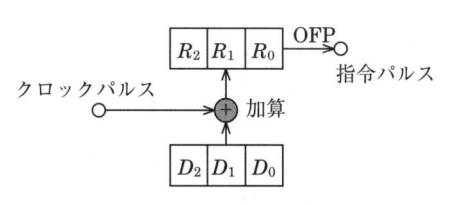

図8・22 DDA方式補間回路(1軸分)

をレジスタRに加算するとする。

Rの内容が，容量を越えた場合に発生するオーバーフローパルスOFPを制御パルスとして用いる方式を，**ディジタル微分方式**と呼ぶ。

図8・23に原点O(0, 0)から点P(5, 3)までのDDA方式直線補間の軌跡を示す。

$X = 5 = (101)_2$　$Y = 3 = (011)_2$

CK	0	1	2	3	4	5	6	7	8
R_x	000	101	010	111	100	001	110	011	000
OFP	0	0	1	0	1	1	1	0	1
R_y	000	011	110	001	100	111	010	101	000
OFP	0	0	0	1	0	0	1	0	1

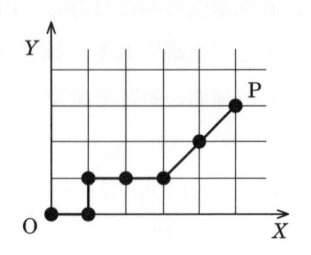

図8・23 DDA方式補間回路の例

[3] 代数演算方式補間回路

コンピュータの記憶容量と処理速度の向上にともない開発されたソフト型の補間方式である。

図8・24において，原点Oと終点Pを結ぶ直線の方程式から現在の位置を判別する判別式D_{ij}を設定し，その演算結果から2軸のうちのどちらか一方を制御し，これを交互に連続することにより，終点を捕捉する制御方式である。

補間対象とする直線の方程式を，

$$y = a \cdot x = \frac{Y_e}{X_e} x$$

とする。

現在の位置を$P_i(x_i, y_i)$とすれば，次の制御点P_jまでの判別式D_{ij}は，

$$y_j = \frac{Y_e}{X_e} x_i$$

より，

$$D_{ij} = \frac{Y_e}{X_e} x_i - y_i$$

8.3 位置の制御

となる。その演算結果から図に示す位置を判別し，制御軸を決定する。

Y $(+dx)$
$D_{ij}<0$
$P(X_e, Y_e)$
$(+dx)$
$D_{ij}=0$
$D_{ij}>0$
$(+dY)$
$O(0,0)$ X

(a)

(b)

CK	0	1	2	3	4	5	6	7	8
符号	0	+	−	+	−	−	+	−	0
制御軸	+x	+y	+x	+y	+X	+X	+y	+x	自動

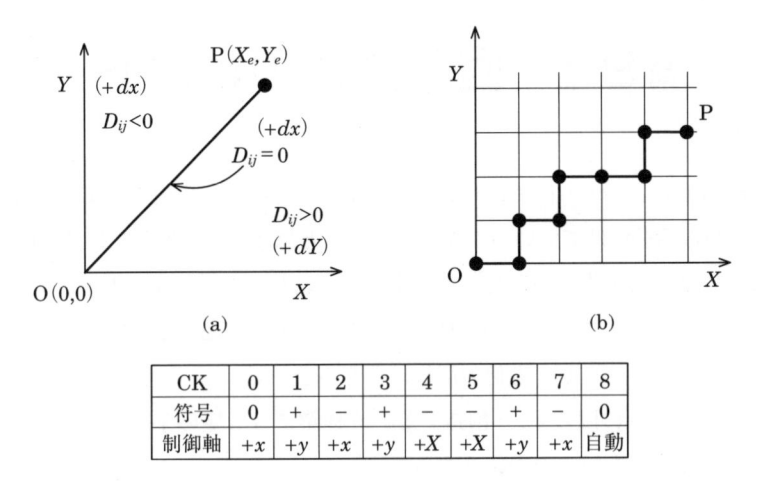

図8・24　代数演算補間回路（1軸分）

第9章　回路製作のヒント

「回路を作る」,「ハードウェアで回路を作る」となると,何かとても大変そうで,どこから手を付けていいのか迷ってしまうと思う。プログラミングにしても,闇雲にプログラムを作ろうとしても,全くものにならないはずである。アプリケーションソフトにしても,いかに高価で高機能であっても,必要・必然性のないままにマウスクリックしても何の解決にもならない。

ハード／ソフトに限らず,「創造」という作業には一定の手続きがある。本章では回路製作の例をいくつか紹介する。

9.1 信号処理回路

回路はいろいろなブロックから構成される。各ブロックには,実績のある標準的な回路が多数ある。

これらの標準回路を積極的に活用して,各ブロック間の信号レベルの調整やインタフェースを工夫することによって,回路設計を行うことが回路製作への入り口だと考える。

9.1.1 抵抗ブリッジによるセンサ処理回路

これまでの説明のなかで,抵抗変化を利用して検出・制御するものが多数あった。信号処理回路においては,抵抗値の変化は,電流あるいは電圧変化に置き換えて処理される。ここではそれらの方法をまとめてみた。

[1] ホイートストンブリッジ

すでに学んだように図9・1(a) で,

$$R_1 \cdot R_4 = R_2 \cdot R_3 \quad \text{………………………………………………} (1)$$

9.1 信号処理回路

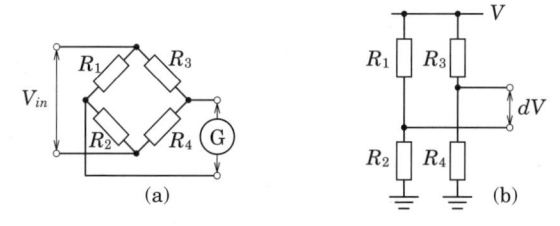

図9・1 ホイートストンブリッジ

のときブリッジが平衡したといい，検流計Gには電流が流れなくなる。これを**ホイートストンブリッジ回路**という。

回路製作図では，図(a)は図(b)のように書き換えられることが一般的である。

図(b)で，dVはR_1，R_2およびR_3，R_4によって作られた抵抗分圧値の差であるから，

$$dV = \frac{R_2}{R_1+R_2}V - \frac{R_4}{R_3+R_4}V \quad \cdots\cdots (2)$$

となる。

図(a)と図(b)は等価であるから，式(2)を$dV=0$として変形すれば，式(1)を得ることができる。

この回路の平衡が崩れた場合，図(a)のGには微小電流が生じ，図(b)のdVには電位差が生まれる。

これより，抵抗$R_1 \sim R_4$のいずれかを抵抗変化出力をもつセンサに置き換えることにより，センサ検出信号の処理が可能となる。

[2] センサ検出回路

図9・2は，図9・1(b)の抵抗R_1を，可変抵抗出力R_sをもつ検出要素に置き換えた例である。

$$dV = V \cdot \left(\frac{R_2}{R_s+R_2} - \frac{R_4}{R_3+R_4}\right) = V \cdot \frac{R_2 R_3 - R_s R_4}{(R_s+R_2)(R_3+R_4)}$$

において$R_s \sim R_4 = R$，センサ：R_sに$-\Delta R$の抵抗変化が生じたとすれば，

$$dV = V \cdot \frac{R^2 - R^2 + R \cdot \Delta R}{4R^2} = V \cdot \frac{\Delta R}{4R}$$

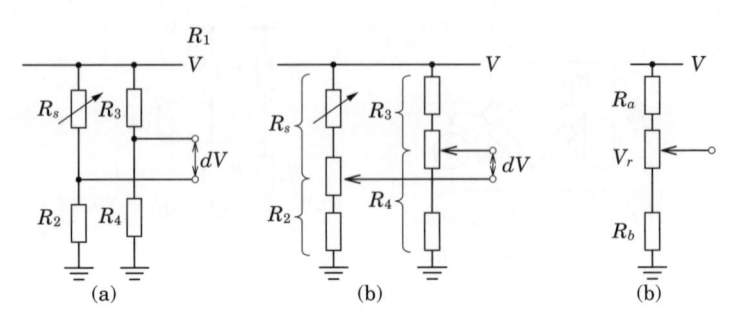

図9・2 センサ検出回路

となって，抵抗変化に比例した偏差出力が検出できる。

図(b)は(a)に可変抵抗を加えて，センサの感度および比較基準の調整を可能にしたものである。

ブリッジ回路は温度変化の影響を受けやすいので，図(b)および(c)のようなレオスタッド接続を用いる場合，図(c)において，$R_a+R_b \gg V_r$とすると，温度ドリフトを抑えることができる。

[3] 検出回路例

図9・3は，電圧比較器：オープンコレクタ・コンパレータIC（μPC177を使った）を用いて，サーミスタ出力を図(b)のように上限，下限の2値で判断しようとする回路の例である。

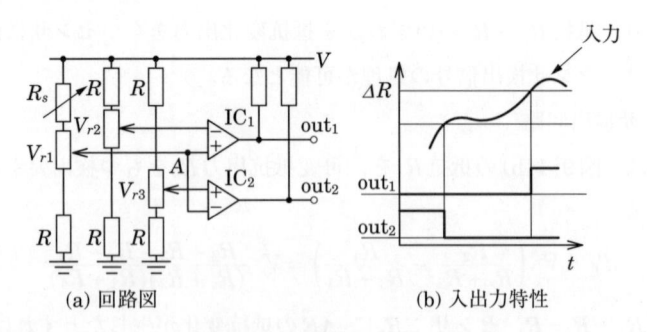

図9・3 温度検出回路

9.1 信号処理回路

この回路はサーミスタに限らず，R_s は抵抗変化出力をもつセンサであれば何でもかまわないから，抵抗 R や V_r をセンサの出力特性に合わせて決定すれば，抵抗変化検出器の **汎用処理回路** として考えられる。

図9·4に示すコパレータIC（μPC177）は，1パッケージに4つのICが内蔵されている。

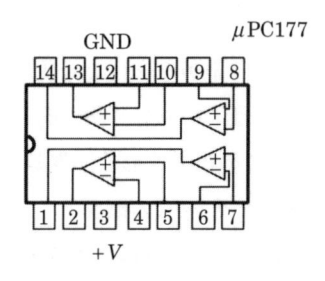

図9·4 コンパレータICの例

9.1.2 タイマICによる発振回路

矩形波や三角波，のこぎり波などの基準信号を発振させたり，時間制御や信号のトリガを作ったりするのに，大変便利なICが数多く市販されている。

ここでは，リニアICの「555」と呼ばれる素子による発振回路の作り方をまとめておく。

[1] 信号波形の種類

各種のパルス波形について，簡単に整理しておく。

図9.5(a)の正方向電圧のみのものが，一般に**矩形パルス**と呼ばれる。

図(b)は正負が交番になるもので，正負電源コンパレータの出力などはこのようになる。

(a) 短形波
(b) 短形波2（交番）
(c) のこぎり波1
(d) のこぎり波2
(e) 三角波

デューティ比
$D = \dfrac{T_h}{T}$

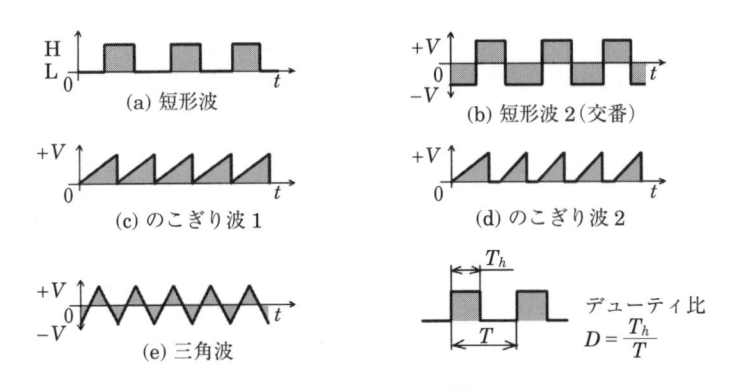

図9·5 パルス波形の種類

(c), (d)は「のこぎりの刃」のようになっているので, **のこぎり波**と呼ばれる。CRの時定数などにより波形が変わる。

(e)は, のこぎり波が両勾配になったもので, **三角波**と呼ばれる。

全ての出力波形は, 電源の関係で交番出力にすることも可能である。

[2] タイマICの概要

前述したようにタイマIC555は無安定マルチバイブレータ, 単安定マルチバイブレータなど, 各種のタイミング信号発生用ICとして大変便利なICである。

図9·6に555の内部ブロック図を示す。

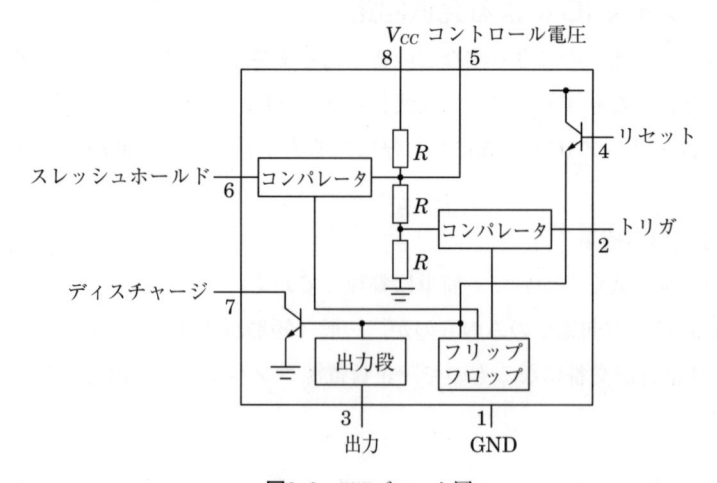

図9·6　555ブロック図

[3] タイマICの回路例

図9・7にデューティ比の調整ができる回路の例を示す。また，図9・8は三角波発振回路である。

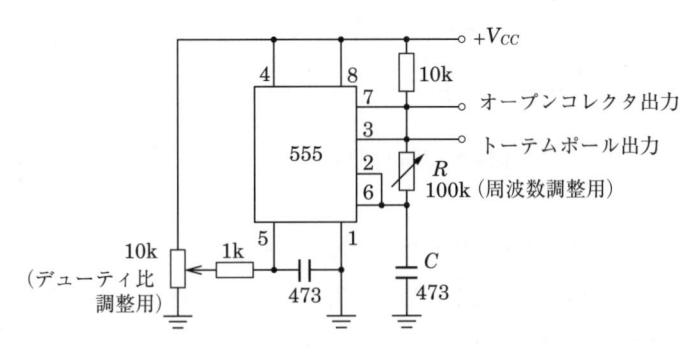

図9・7 デューティ比の調節できる無安定回路

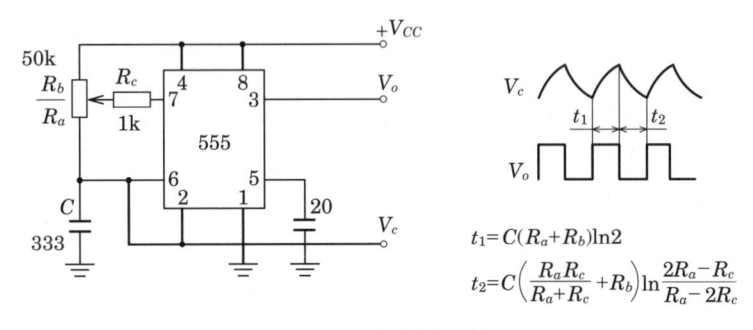

$$t_1 = C(R_a + R_b)\ln 2$$
$$t_2 = C\left(\frac{R_a R_c}{R_a + R_c} + R_b\right)\ln\frac{2R_a - R_c}{R_a - 2R_c}$$

図9・8 三角波発振回路

9.1.3 方向判別回路

ディジタル位置制御系では，制御量を大きさと方向をもったベクトルとして認識することが必要になる。したがって，検出信号の処理においても移動量とその方向を知ることが要求される。

現在，ディジタル位置検出器の多くが，2相の出力信号形式を採用している。ここでは，2相ディジタル信号から移動方向を判別する方法を紹介する。

[1] 回路動作の分析

図9・9に，2相信号による方向判別回路のブロック図を示す．

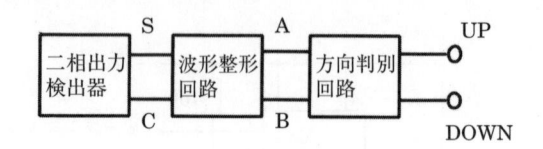

図9・9　方向判別回路のブロック図

　検出器出力が正弦波出力の場合には，波形整形回路により矩形波パルスに整形する必要がある．検出器出力が矩形波の場合には，この整形回路は必要ない．

　方向判別回路は，1/4周期（電気角90°）位相のずれたA，Bの2入力を受けて，入力Aが進み側の場合にはUP信号を出力し，入力Bが進み側の場合にはDOWN信号を出力する動作を行う回路である．図9・10に入出力のタイムチャートを示す．

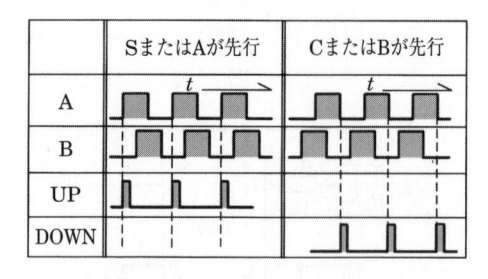

図9・10　方向判別処理の入出力

　このタイムチャートから出力の論理式を求めると，

$$UP = \Delta A \cdot \overline{B} \quad 入力：Aが進み側$$
$$DOWN = \Delta \overline{A} \cdot \overline{B} \quad 入力：Bが進み側$$

が得られる．

[2] 方向判別回路の例

　前述の図9・10の結果をもとに組み合わせ論理回路を構成すると，図9・11の回路が考えられる．

9.1 信号処理回路

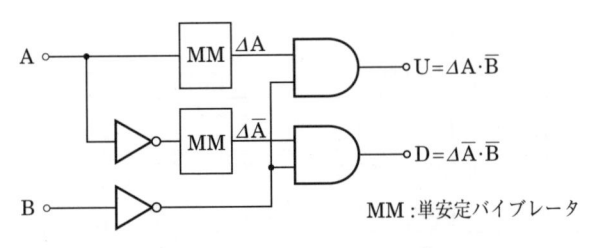

図9・11 方向判別の組み合わせ論理回路例

[3] TTLで組む方向判別回路(1)

図9・11の論理回路をTTL-ICで実現したものが，図9・12の回路である。

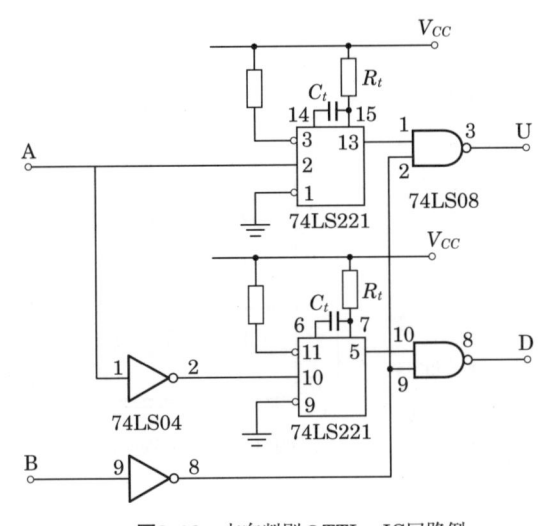

図9・12 方向判別のTTL－IC回路例

74LS221はワンショットのマルチバイブレータで，入力パルスの立上がりを微分して図9・11のΔ成分を作る。定格では，$1.4\text{k}\Omega \leq R_t \leq 100\text{k}\Omega$，$0 \leq C_t \leq 1000\mu\text{F}$ としたとき，微分幅：$\Delta T \fallingdotseq 0.7 \cdot C_t \cdot R_t$ となる。

図9・11，図9・12の回路のタイムチャートを図9・13に示す。矩形波A，Bの入力順に従って，出力U，Dに判別される様子を理解してほしい。

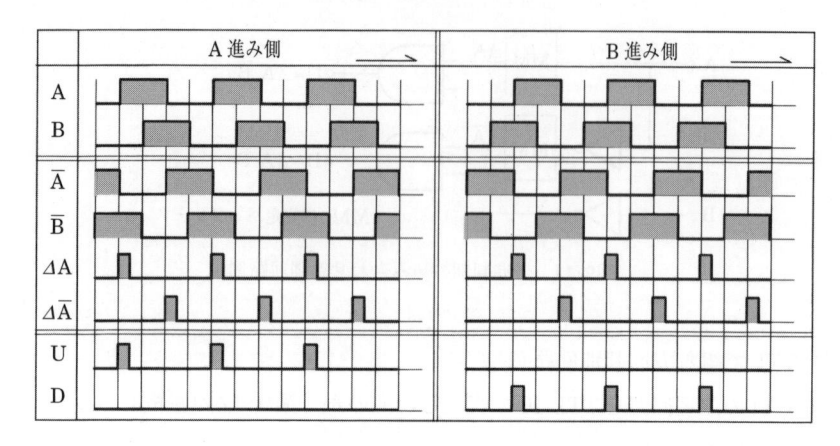

図9・13　タイムチャート(1)

[4] TTLで組む方向判別回路(2)

図9・14に示すタイムチャートでも方向判別をすることができる。この回路を考えてみよう。

図のタイムチャートから，図9・15(a)のような組み合わせ論理回路を考えた。この理論回路をもとにした，TTL-ICを用いた回路を図(b)に示す。

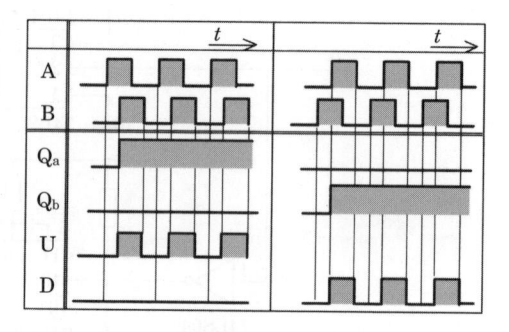

図9・14　方向判別回路のタイムチャート(2)

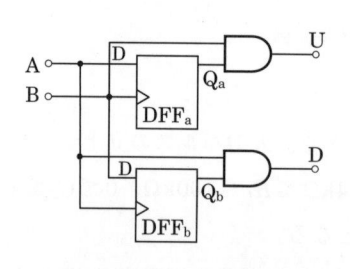

(a) 組み合わせ論理回路

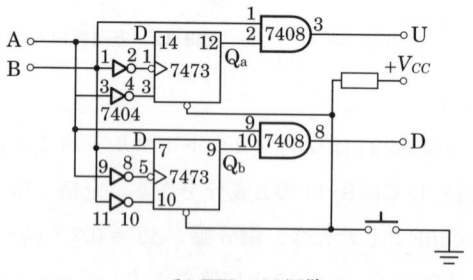

(b) TTL-IC回路

図9・15　タイムチャート(2)の方向判別回路

9.1 信号処理回路　　　***211***

ここでは，TTL-IC7473(JK-FF)を用い，信号論理を合わせるために7404(INVETER)をD-FFとして使っている。

9.1.4 倍クロック回路

パルス入力から，2倍の周波数をもつクロックを出力する回路を考えてみよう。自動車のクランクシャフトの回転角を測定するシステムなどに採用されている。実験的に等価の回路を作ってみた。図9・16にその基本構成を示す。

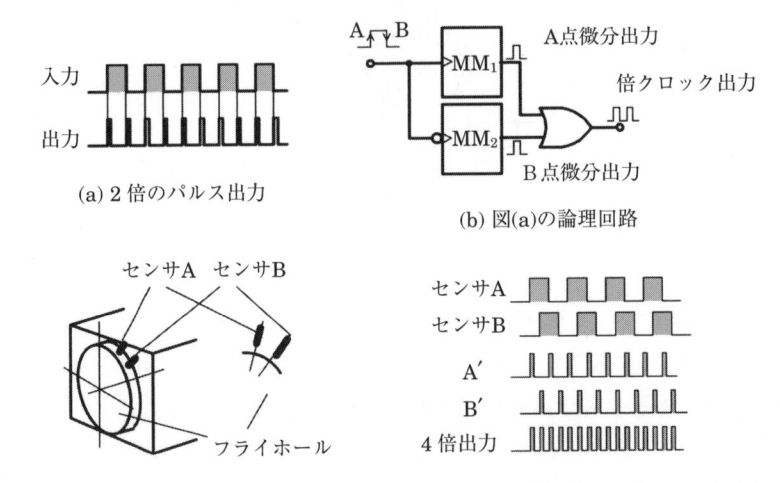

(a) 2倍のパルス出力

(b) 図(a)の論理回路

(c) 自動車エンジンの回転角センサ

(d) 図(c)の処理回路のタイムチャート

図9・16　倍クロック回路の入出力と基本構成

[1] 回路の基本構成

機械的に分解能を高くとれないセンサの方形波出力を立上がりと立下がりの両エッジで微分して，2倍のパルス出力を得ようというものである。

[2] 回路の例

図9・17に倍クロック回路の例を示す。

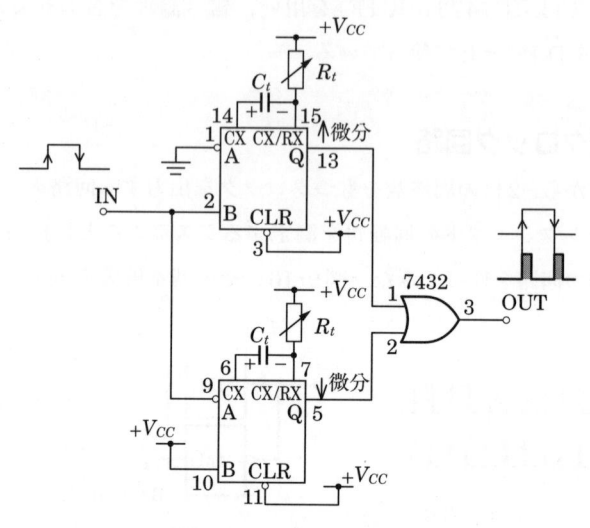

図9·17 倍クロック回路の例

[3] 回路を構成する素子の動作

図9·17を構成する素子を図9·18に示す。クロックエッジの微分素子として，前述したワンショットマルチバイブレータTTL-IC74123を使った。

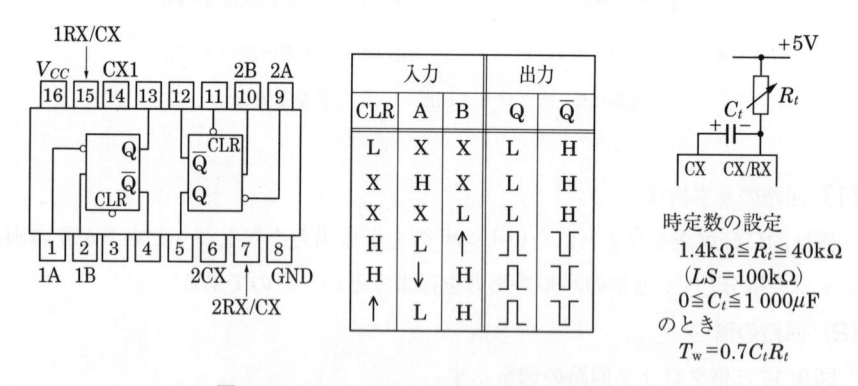

時定数の設定
$1.4\mathrm{k}\Omega \leq R_t \leq 40\mathrm{k}\Omega$
$(LS = 100\mathrm{k}\Omega)$
$0 \leq C_t \leq 1\,000\mu\mathrm{F}$
のとき
$T_\mathrm{w} = 0.7 C_t R_t$

入力			出力	
CLR	A	B	Q	$\overline{Q}$
L	X	X	L	H
X	H	X	L	H
X	X	L	L	H
H	L	↑	⊓	⊔
H	↓	H	⊓	⊔
↑	L	H	⊓	⊔

図9·18 Dual Retriggerable Single Shot 74123

9.1.5 瞬間入力を処理した音スイッチ回路

ロボット可動部の衝突や緊急時の悲鳴などを検知して，安全回路を動作させたり警報を発したりすることにより，災害を防ごうとする回路が実用されている。これらの回路は瞬間的な入力を処理して，次段への信号として送り出す工夫が必要である。

[1] 回路例

図9·19に回路例を示す。

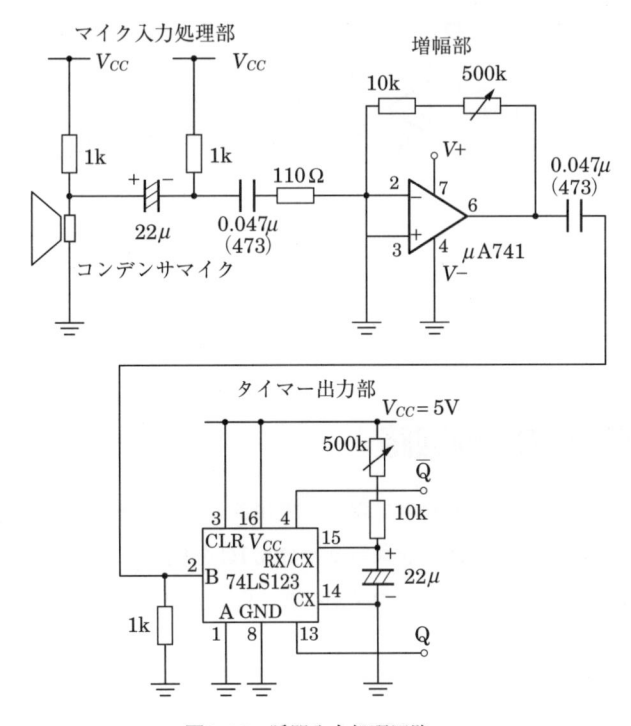

図9·19 瞬間入力処理回路

[2] 各部動作の説明

図9·19の各ブロックの動作説明を図9·20に示す。ここでもワンショットマルチTTL74123を使った。

(a) マイク入力処理部

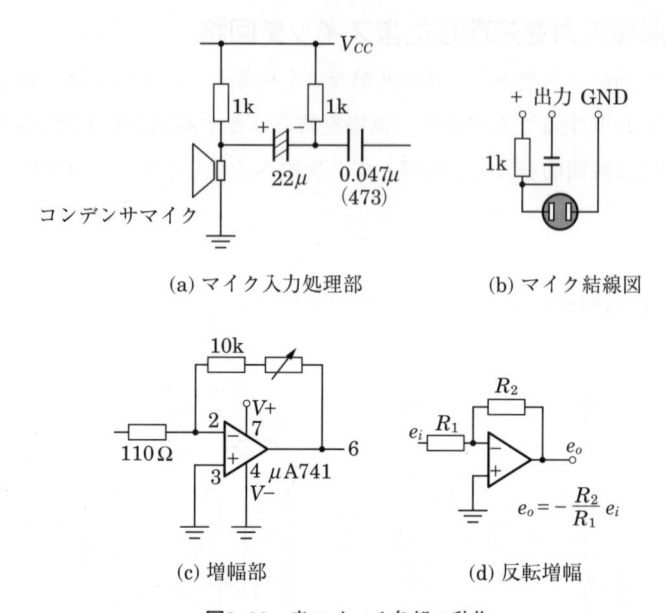

(b) マイク結線図

(c) 増幅部

(d) 反転増幅 $e_o = -\dfrac{R_2}{R_1} e_i$

図9・20 音スイッチ各部の動作

9.2 モータ制御回路

　小型モータの制御回路を考えてみる。実用的には各モータメーカーやICメーカーから市販されているコントローラや専用ICを使うのが得策だろうが，ここでは回路製作のヒントを紹介しているので，基本原理を見ながら汎用部品を活用した回路工作を行う。

9.2.1　DCモータ正逆転回路

[1] モータ正逆転回路の概略

　図9・21に直流モータ正逆転基本回路を示す。
　図(a)，(b)は，スイッチを用いたON／OFF制御の例であるが，アナログ入力に対してもトランジスタなどを用いたほぼ同様の回路構成が考えられる。

9.2 モータ制御回路

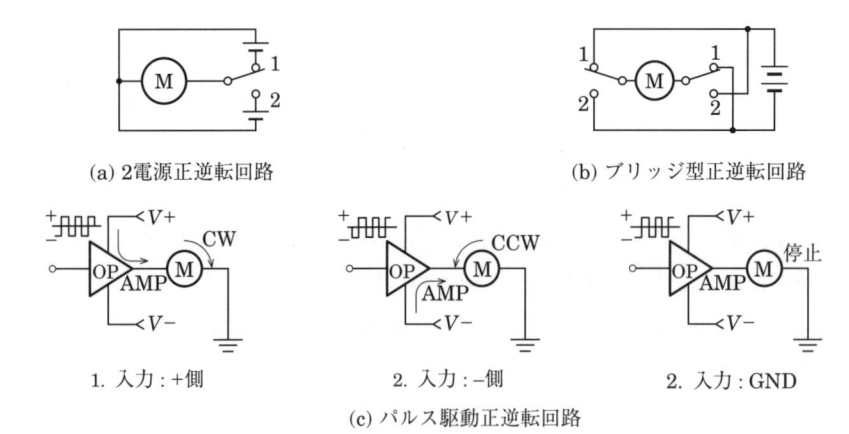

(a) 2電源正逆転回路

(b) ブリッジ型正逆転回路

1. 入力：＋側　　2. 入力：－側　　2. 入力：GND

(c) パルス駆動正逆転回路

図9・21 モータの正逆転基本回路

図(c)はオペアンプに与えるパルスにより，モータの回転方向を制御するもので，パルス入力によるリニアな制御が可能となる．半導体を用いる場合は，モータ駆動電力に耐えるパワーオペアンプあるいはドライバ回路が必要となる．

[2] モータ正逆転回路の例

図9・22に，図9・21(b)をトランジスタで構成した回路構成例を示す．

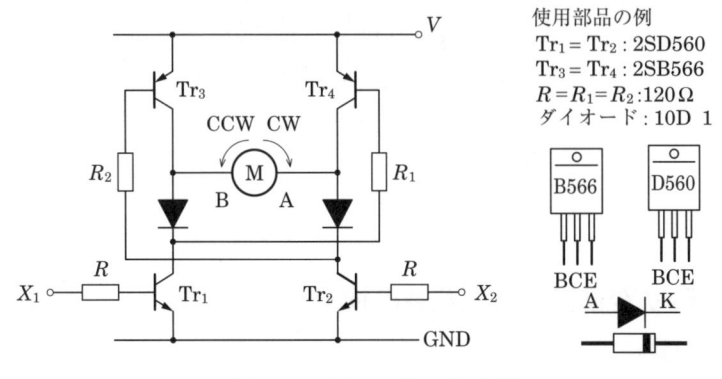

使用部品の例
$Tr_1 = Tr_2 : 2SD560$
$Tr_3 = Tr_4 : 2SB566$
$R = R_1 = R_2 : 120\Omega$
ダイオード：10D 1

図9・22 ブリッジドライバ回路

X_1 に "H" 入力が与えられると，Tr_4，R_1 およびモータ A→B に電流が流れ，モータが回転する．同様に X_2 に入力が与えられた場合には，Tr_3，R_2 および B→A に電流が流れ，モータの逆回転が制御される．この構成では，X_1 と X_2 の入力が同時に "H" 信号とならないように注意する．

[3] モータ正逆転ドライバ IC の例

2入力ブリッジドライバ回路を集積化した各種 IC が市販されている．これらを積極的に用いることにより，システムの信頼性が大きく向上する．

図9・23 は VTR やテープデッキのドライバ用 IC として市販されているモノリシック IC の例である．

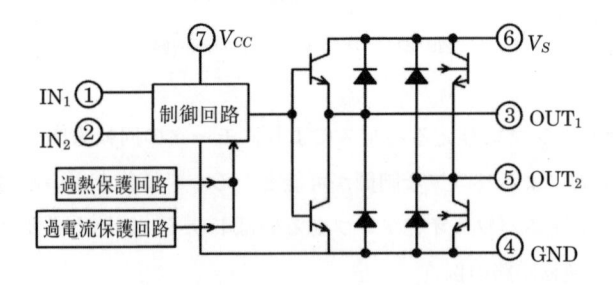

IN_1	IN_2	OUT_1	OUT_2	MODE
1	1	L	L	BRAKE
0	1	L	H	CW/CCW
1	0	H	L	CCW/CW
0	0	HIGH IMPEDANCE		STOP

図9・23 モータ正逆転ドライバの例

9.2.2　F/V 変換による回転数の検出

[1] 製作回路図

図9・24 に**周波数**(frequency)／**電圧**(voltage)**変換**（F/V 変換）を用いた回転数検出の例を示す．このあとに解説する3つの回路例は，前に紹介したパルスに

よる制御の実験的回路である．負荷に使うセンサ付きモータは，手許に数が揃っていたものを使った．ここでは，正弦波あるいはパルス出力のとれるセンサが必要であるが，これらが揃わなければ矩形波発生器を使ってもよい．

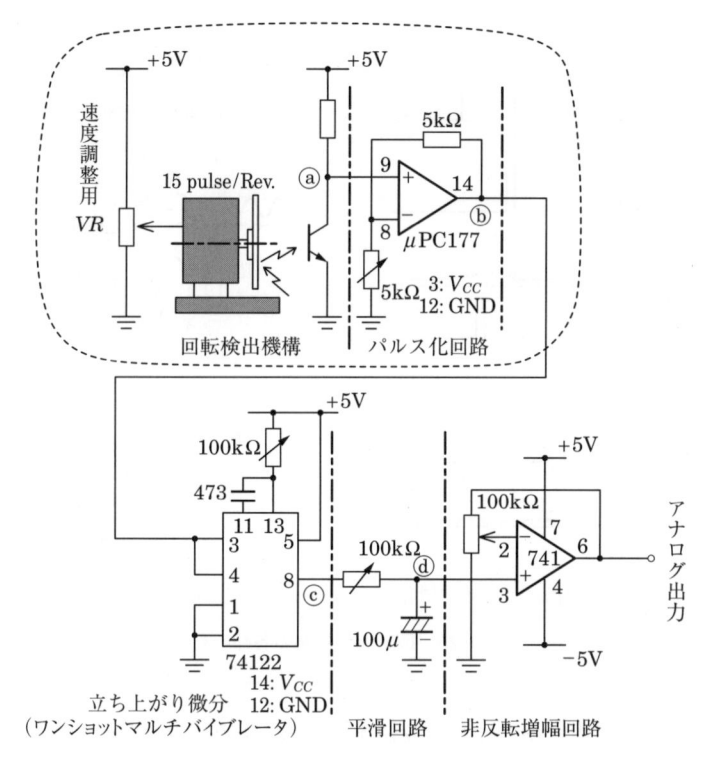

図9・24 F/V 交換回路

[2] 各部分の動作

図9・25に各部の動作を示す．

① ロータリエンコーダによる回転検出：フォトインタラプタは，LEDとフォトトランジスタを一体化したもので，正弦波を出力する．

② コンパレータによるパルス化回路

③ ワンショットマルチバイブレータによる立上がり微分回路：回転数変化を

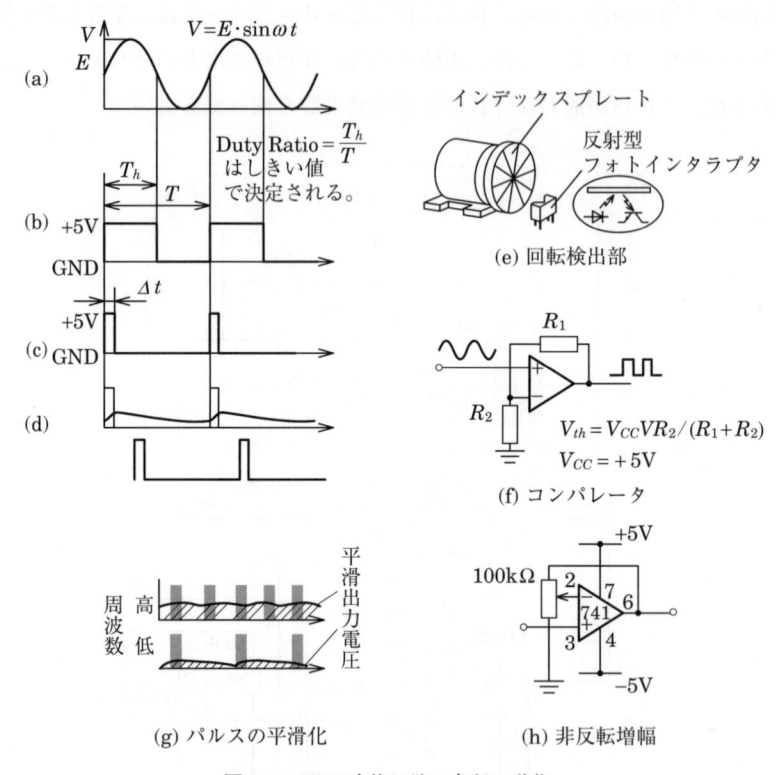

図9・25 F/V変換回路の各部の動作

アナログ電圧出力変化へ変換するため，1周期当たりのパルス幅を一定に整える。ここでは，TTL-ICを用いて時定数を調整している。

④ CR積分動作を用いた平滑回路：単位時間当たりのパルス数で，コンデンサ両端の電圧が変化する。
⑤ オペアンプ非反転増幅回路：平滑出力を増幅して最終出力電圧を得るものである。

9.2.3 FGサーボによる速度制御
[1] 製作回路図

9.2 モータ制御回路

図9・26にFGサーボ回路を示す．周波数検出器(frequency generator)によりモータの回転速度を検出して，設定値と比較して速度制御を行う制御系の例である．なお，この回路と次で紹介する回路については，9.2.2項の構成を基本として必要回路を加えてあるので，すでに説明のある回路動作については省略する．

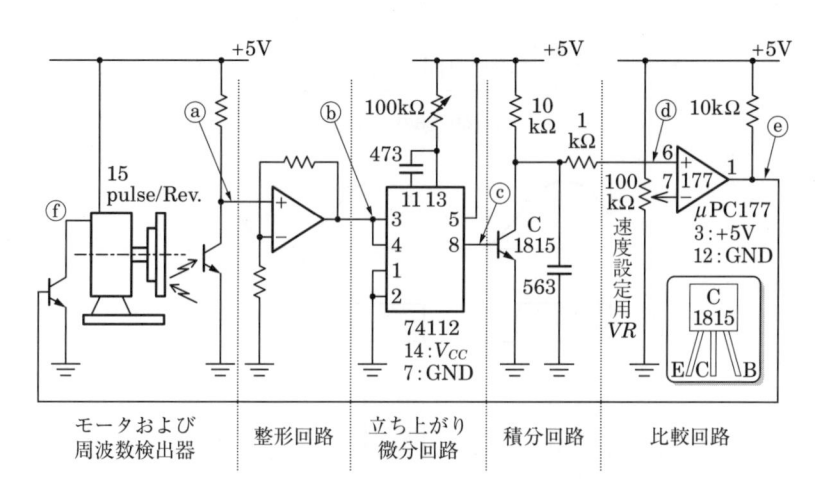

図9・26　FGサーボ出回路

[2] 各部分の動作

図9・27(a)にこの制御系のブロック図を示す．ディジタル検出出力をアナログ電圧出力に変換して，アナログ設定電圧と比較した結果からパルスを得て，モータを駆動する．

図(b)に各部分の信号波形を示す．

ⓐ 反射型フォトインタラプタを用いて正弦波を得る．
ⓑ ⓐのフォトインタラプタ出力を整形して，回転数に応じたパルス出力を得る．
ⓒ ワンショットマルチバイブレータで，立上がり微分出力を作る．
ⓓ コンデンサの遅延動作を用いて時間－電圧のリニア部分を作り，速度設定用基準電圧値と比較する．

ⓔ ⓕ フィードバック信号と目標値との比較結果から，モータに与える制御パルスを決定する．

(a) 図9・26のブロック図

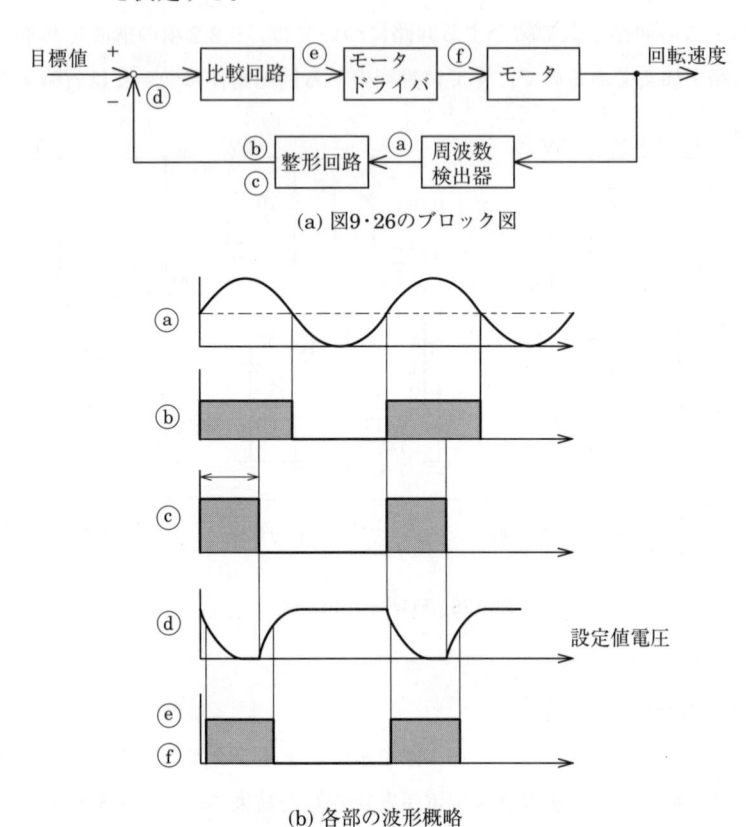

(b) 各部の波形概略

図9・27 図9・26各部の動作

9.2.4 PWM制御による速度制御

[1] 製作回路図

図9・28にPWM速度制御回路図を示す．

フィードバックの結果から，パルス幅を制御して速度制御を行う方法をpulse width modulation（パルス幅変調）と呼ぶ．

9.2 モータ制御回路

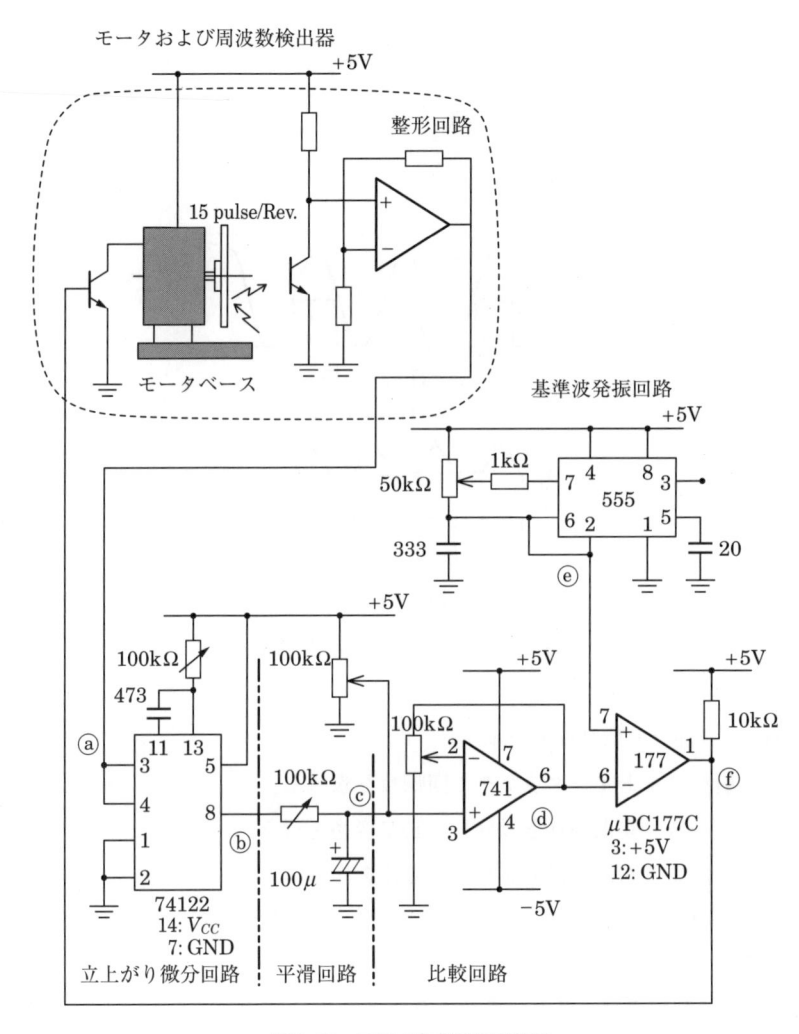

図9·28 PWM速度制御回路図

[2] 各部の動作

図9·29(a)にブロック図を示す．回転検出結果をF/V変換し，基準波と比較した結果から制御パルスの幅を決定してモータを駆動する．

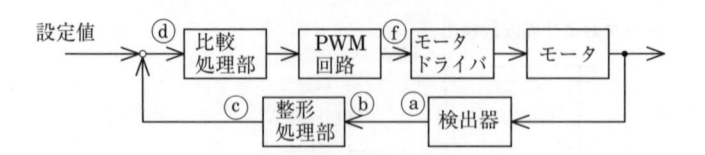

(a) PWM速度制御回路のブロック図

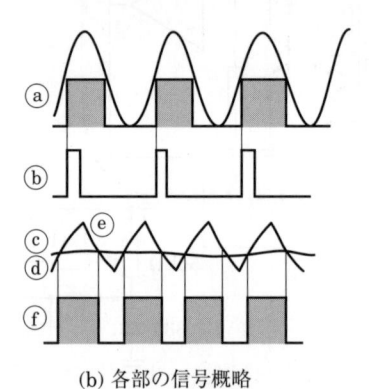

(b) 各部の信号概略

図9・29 ブロック図と各部の動作

図(b)に各部分の信号波形を示す.
① 反射型フォトインタラプタで回転数を求める.
② 各パルスの立上がりを微分してF/V変換を行う.
③ 平滑回路で回転数に応じた電圧変化を作る.
④ 基準設定電圧とフィードバック電圧から回転数偏差に応じた偏差電圧を得る.
⑤ PWM制御信号の基準三角波を発振させる.

基準波発振回路:基準三角波は555で作る.発振周波数は図9・8を参考にする.この基準三角波発生回路と回転検出パルスの同期がとれるように調整をする.

索 引

■ 英数字

1ピッチ駆動 …………………… 164
2進化符号 ……………………… 91
2進数 ………………………… 63, 74
2値信号 ………………………… 73
7セグメントLED ……………… 44
8進数 …………………………… 74
10進数の重み …………………… 74
16進数 …………………………… 74
A/Dコンバータ ………………… 64
A/D変換 ………………………… 64
A/D変換器 ……………………… 63
AND ……………………………… 77
CdS …………………………… 37, 45
COM …………………………… 184
D/A変換 ………………………… 64
D/A変換器 …………………… 63, 68
DDA方式直線補間 …………… 200
D動作 …………………………… 189
Dフリップフロップ …………… 86
EX-OR …………………………… 79
F/V変換 ………………………… 216
FGサーボ ……………………… 218
GND ……………………………… 37
HB型 …………………………… 163
I動作 …………………………… 189
JKフリップフロップ …………… 86
LED ……………………………… 43
LSB ……………………………… 68

MIL記号 ………………………… 79
MIT方式直線補間 …………… 199
MSB ……………………………… 68
NC ……………………………… 184
NO ……………………………… 184
NOT ……………………………… 78
NPN型 …………………………… 33
offset null ……………………… 52
OR ……………………………… 78
PC ……………………………… 185
PID動作 ………………………… 189
PM型 …………………………… 163
PNP型 …………………………… 33
PPS ……………………………… 167
PWM制御 ……………………… 220
P動作 …………………………… 189
RSフリップフロップ …………… 85
Tフリップフロップ …………… 88
VR型 …………………………… 163
Y結線 …………………………… 144

■ あ行

アクイジション時間 …………… 67
アクチュエータ ……………… 151
アクティブハイ ……………… 102
アクティブロー ……………… 102
遊び歯車 ……………………… 118
圧縮機 ………………………… 172
アップカウンタ ………………… 88
アナログ信号 …………………… 32

アノード ………………………… 42
アパーチャ時間 ………………… 67
アブソリュート ………………… 145
アブソリュート式測定 ………… 138
安定点 …………………… 164, 166
安定度 …………………………… 190
アンペア ………………………… 5

行き過ぎ量 ……………………… 190
板カム …………………………… 133
位置決め制御 …………………… 197
イマジナリアース ……………… 55
イマジナリショート …………… 55
インクリメンタル式測定 ……… 138
インダクタンス ………………… 17
インタロック回路 ……………… 187
インディシャル応答 …………… 189
インデックススケール ………… 147
インピーダンス …………… 18, 39
インプロセスゲージ …………… 144

腕 ………………………………… 120

エアフィルタ …………………… 173
永久磁石 ………………………… 163
エッジトリガ …………………… 85
エミッタ ………………………… 32
エミッタホロワ ………………… 39
エルステッド …………………… 18
エンコーダ ……………… 66, 91, 146
円弧補間 ………………………… 198
演算増幅器 ……………………… 49

オーバーシュート ……………… 158
オープンコレクタIC …………… 103
オープンハイ …………………… 102
オープンループ制御 …………… 162

オーム …………………………… 10
オームの法則 …………………… 10
オフセット誤差 ………………… 140
オペアンプ ……………………… 49
重み付け2進数 ………………… 64
重み抵抗方式D/A変換器 ……… 68
オンオフ制御 …………………… 186

■か行

カーボン抵抗器 ………………… 25
開回路 …………………………… 193
回転 ……………………………… 112
回転型 …………………………… 139
回転型流量計 …………………… 161
回転子 …………………… 144, 163
回転節 …………………………… 124
回転中心 ………………………… 113
外乱 ……………………………… 186
回路 ……………………………… 8
カウンタ ………………………… 88
カウンタIC ……………………… 91
確動カム ………………………… 133
仮想接地 ………………………… 55
仮想短絡 ………………………… 55
カソード ………………………… 42
加速度線図 ……………………… 134
片ロッド型 ……………………… 176
可変シュミットトリガ回路 …… 61
可変抵抗器 ……………………… 25
可変ベーン式流量計 …………… 158
カム機構 ………………………… 132
カム線図 ………………………… 134
カラーコード …………………… 27
カルノー図 ……………………… 83
カルマン渦式流量計 …………… 159
カルマン渦列 …………………… 159
簡易型閉回路 …………………… 195

索引　*225*

緩和曲線 …………………………… 136

帰還 ………………………………… 186
機構 ………………………… 109, 110
基数 ………………………………… 74
基礎円 ……………………………… 134
基礎線図 …………………………… 134
起電力 ………………………………… 8
ギャップ …………………………… 148
キュリー点 ………………………… 156
共振作用 …………………………… 148
共通端子 …………………… 151, 184
ギルバート ………………………… 3

空気圧 ……………………………… 171
空気圧シーケンス ………………… 176
空気圧シリンダ …………………… 175
空電制御 …………………………… 176
クーロン ……………………………… 2
クオーク ……………………………… 2
矩形パルス ………………………… 205
クランク …………………………… 124

ゲイン誤差 ………………………… 140
ゲート ………………………… 46, 65
結線論理 …………………………… 104
原子 …………………………………… 1
原子核 ………………………………… 1
原動節 ……………………………… 111
検流計 ……………………………… 15

コイル ………………………… 17, 20
合成抵抗 …………………………… 12
光電素子 …………………………… 44
降伏現象 …………………………… 42
降伏電圧 …………………………… 42
交流 ………………………………… 36

交流起電力 ………………………… 144
固定子 ……………………… 144, 163
固定抵抗器 ………………………… 25
コネクティングロッド …………… 124
コレクタ …………………………… 32
コレクタホロワ …………………… 39
ころがり接触 ……………………… 112
ころがり対偶 ……………………… 110
コンデンサ ………………… 15, 28

■ さ行

差圧流量計 ………………………… 160
サーボ機構 ………………………… 144
サーボ制御 ………………………… 191
サーボマウント …………………… 141
サーミスタ ………………… 9, 155
最下位ビット ……………………… 76
最上位ビット ……………………… 76
最大応答周波数 …………………… 167
最大自起動周波数 ………………… 167
サイリスタ ………………………… 46
鎖交 ………………………………… 22
雑音余裕度 ………………………… 105
差動増幅 …………………………… 53
差動変圧器 ………………………… 142
三角駆動 …………………………… 168
三角波 ……………………………… 206
サンプリング ……………………… 67
サンプル＆ホールド回路 ………… 66

シーケンサ ………………… 176, 185
シーケンサ制御 …………………… 176
シーケンス制御 …………………… 183
磁界 ………………………………… 18
時間制御 …………………………… 183
しきい値 …………………… 60, 192
しきい値電圧 ……………………… 106

磁気温度センサ …………………… 156
磁気抵抗 ……………………………… 163
自起動領域 …………………………… 167
自己保持 ……………………………… 47
自己保持回路 ………………………… 186
自己保持動作 ………………………… 178
磁束 …………………………………… 20
質量流量 ……………………………… 158
絞り弁 ………………………………… 175
シャトル弁 …………………………… 175
自由電子 ……………………………… 1
周波数/電圧変換 ……………………… 216
ジュール熱 …………………………… 18
受光素子 ……………………………… 44
出力インピーダンス ………………… 50
シュミットトリガ回路 ……………… 58
瞬間中心 ……………………………… 114
順序回路 ……………………………… 187
順序制御 ……………………………… 183
上位優先 ……………………………… 94
消音機 ………………………………… 176
条件制御 ……………………………… 183
常時開 …………………………… 151, 184
常時閉 …………………………… 151, 184
上昇時間 ……………………………… 189
状態記号 ……………………………… 80
磁力線 ………………………………… 18
自励式読取りヘッド ………………… 148
シングルスロープA/D変換器 ……… 65
シンクロ ……………………………… 144
シンクロード ………………………… 106
シンクロサーボ系 …………………… 145
真理値表 ……………………………… 77

スイッチング動作 …………………… 36
スクリューマウント ………………… 141
Y（スター）結線 …………………… 144

スタートバルブ ……………………… 173
ステータ ……………………………… 162
ステップ角 …………………………… 167
ステップ入力 ………………………… 189
ステップモータ ……………………… 162
スピードコントローラ ……………… 175
すべり軸受け ………………………… 110
すべり接触 …………………………… 112
スライダ・クランク機構 …………… 125
スリップリング ……………………… 144
スルー領域 …………………………… 168
スレッショルド ……………………… 60
スレッショルド電圧 ………………… 106

正圧 …………………………………… 172
正帰還増幅回路 ……………………… 57
制御信号線 …………………………… 46
制御対象 ……………………………… 186
整定時間 ……………………………… 189
正電気 ………………………………… 1
静電気 ………………………………… 3
静電容量 ……………………………… 16
精度 …………………………………… 190
静特性 ………………………………… 166
正論理 ………………………………… 73
ゼーベック効果 ……………………… 152
赤外線検出器 ………………………… 157
積分回路 ……………………………… 62
積分制御 ……………………………… 189
絶縁物 ………………………………… 9
絶対座標系 …………………………… 197
絶対式測定 …………………………… 138
旋回 …………………………………… 112
全空制御 ……………………………… 176
センサ ………………………………… 137
線膨張係数 …………………………… 151

双安定マルチバイブレータ ………… 96
相対座標系 …………………… 197
相対式測定 …………………… 138
送風機 ………………………… 172
増幅 ……………………………… 33
増幅度 …………………………… 35
増幅率 …………………………… 55
ソースロード ………………… 106
速度線図 ……………………… 134
速度比 ………………………… 117
ソリッドステートリレー ………… 156
ソリッド抵抗器 ………………… 25
ソレノイド ……………………… 20

■た行

ダーリントン接続 ……………… 40
ダイオード ……………………… 41
対偶 …………………………… 110
台形駆動 ……………………… 168
体積流量 ……………………… 158
帯電 ……………………………… 2
タイマ IC ………………………… 98
タイムチャート ………………… 85
太陽歯車 ……………………… 120
ダウンカウンタ ………………… 88
脱出トルク …………………… 168
脱調 …………………………… 168
単安定マルチバイブレータ ………… 99
段掛け ………………………… 119

チェックバルブ ……………… 174
遅延時間 ……………………… 190
チャタリング ………………… 102
中間歯車 ……………………… 118
中心間距離 …………………… 117
中性子 …………………………… 1
中性の状態 ……………………… 2

貯圧タンク …………………… 176
超音波式流量計 ……………… 160
直線補間 ……………………… 198
直動 …………………………… 112
直動型 ………………………… 139
直並列接続（抵抗の）…………… 11
直流 ……………………………… 35
直列接続（抵抗の）……………… 10

追従性 ………………………… 189
追従制御 ……………………… 186
ツェナ効果 ……………………… 42
ツェナダイオード ……………… 42
ツェナ電圧 ……………………… 42

定格電力 ………………………… 26
抵抗器 …………………………… 24
抵抗図記号 ……………………… 26
抵抗測温体 …………………… 154
抵抗値 …………………………… 26
抵抗率 …………………………… 9
ディジタルアクチュエータ ……… 162
ディジタル信号 ………………… 32
ディジタル微分方式 …………… 200
ディジタル量 …………………… 64
定常偏差 ……………………… 190
定性的 ………………………… 192
定値制御 ……………………… 186
定電圧ダイオード ……………… 42
定量的 ………………………… 191
デコーダ ………………………… 92
鉄心 …………………………… 142
デューティ比 ………………… 207
電圧 ……………………………… 5
電圧加算方式 D/A 変換器 ……… 69
電圧増幅 ……………………… 49
電圧増幅度 …………………… 50

電圧比例器 65
電圧利得 50
電位 5
電位差 5
電荷 2
電気 3
電気回路 7
電気抵抗 4, 9
電気-油圧ステップモータ 170
電気用図記号 8
電気量 2
電源 7, 34
電源電圧 8
電子 1
電磁石 20
電磁ソレノイド 20
電磁流量計 160
電磁力 23
伝達 111
伝達関数 195
電流 4
電流増幅 35

ド・モルガンの定理 81
等価交換 195
同期式カウンタ 88
同期式純2進4ビットカウンタ 89
動径 134
導体 9
動電気 3
動特性 167
トライアック 46
トランジスタ 32
トリガ 47
ドループ 68
トルクサーボ系 145

■ な行

内部抵抗 8

入力インピーダンス 50
入力オフセット電圧 51

ネガティブエッジトリガ 85
ねじ対偶 110
熱起電力 152
熱線式流量計 159
熱電現象 152
熱電対 152
熱放射 156

ノイズマージン 105
のこぎり波 65, 206
糊付け解法 121

■ は行

倍クロック回路 211
排他的論理和回路 79
バイメタル 151
倍率 50
ハウジングケース 162
歯車 116
歯車伝動装置 116
歯先円直径 117
歯先のたけ 117
歯数 117
白金 155
発光素子 44
発光ダイオード 43
バッファ 62
歯元のたけ 117
バリスタ 9
パルス 96

索　引

パルス幅変調 …………………… 220
パルスモータ …………………… 162
パルスレート …………………… 167
パワー源 ………………………… 34
半固定抵抗器 …………………… 25
反転回路 ………………………… 78
反転加算回路 …………………… 60
反転増幅 ………………………… 53
半導体 …………………………… 9
半ピッチ駆動 …………………… 164
汎用処理回路 …………………… 205

光高温計 ………………………… 156
引込みトルク …………………… 168
ヒステリシス …………………… 59
非直線性誤差 …………………… 140
ピッチ …………………… 164, 167
ピッチ円 ………………………… 118
ピッチ円直径 …………………… 117
ビット …………………………… 75
否定 ……………………………… 81
否定回路 ………………………… 78
非同期式 ………………… 88, 90
非同期式アップカウンタ ……… 90
非同期式カウンタ ……………… 88
非同期式純2進4ビットカウンタ … 88
非同期式ダウンカウンタ ……… 90
非反転増幅 ……………………… 53
びびり …………………………… 181
微分回路 ………………………… 62
微分制御 ………………………… 189
標準抵抗器 ……………………… 27
標準平歯車 ……………………… 117
比例制御 ………………………… 189

ファジー集合 …………………… 192
ファジー推論 …………………… 192

ファジー制御 …………………… 191
負圧 ……………………………… 172
ファンアウト …………………… 104
ファンイン ……………………… 104
フィードスルー ………………… 68
フィードバック ………………… 193
フィードバック制御 ‥ 145, 183, 186, 193
ブール代数 ……………………… 81
フォトダイオード ……………… 44
フォトトランジスタ …………… 44
負荷 ………………………… 7, 37
負帰還反転増幅回路 …………… 54
負帰還非反転増幅回路 ………… 57
ブッシングマウント …………… 141
負電気 …………………………… 1
不導体 …………………………… 9
プラスの電気 …………………… 1
ブリッジ回路 …………………… 154
ブリッジの平衡条件 …………… 15
フリップフロップ ……………… 85
プルアップ抵抗 ………………… 104
ブレークダウン ………………… 42
フレミングの左手の法則 ……… 23
フレミングの右手の法則 ……… 22
プログラマブルコントローラ … 185
プログラム制御 ………………… 186
プロセス工業 …………………… 191
プロセス制御 …………………… 191
ブロック図 ………………… 33, 164
ブロック線図 …………………… 195
負論理 …………………………… 74
分圧電圧 ………………………… 26
分解能 …………………………… 164
分周器 …………………………… 88

閉回路 …………………………… 193
平面カム ………………………… 134

並列接続（抵抗の）……………… 10
並列比較方式A/D変換器 ………… 66
ベース …………………………… 32
ベース抵抗 ……………………… 37
変位曲線 ………………………… 134
変換 ……………………………… 111
偏差 ……………………………… 186
ベン図 …………………………… 82

ホイートストンブリッジ ………… 15
ホイートストンブリッジ回路 …… 203
方向切替え弁 …………………… 174
方向制御弁 ……………………… 170
方向判別回路 …………………… 207
放電 ……………………………… 31
放電状態 ………………………… 30
ホールディング ………………… 67
補間 ……………………………… 198
保護抵抗 ………………………… 43
ポジティブエッジトリガ ………… 85
補償導線 ………………………… 154
ポテンショメータ ……………… 139
ボルテージフォロワ …………… 62
ボルト …………………………… 5

■ま行

マイナスの電気 ………………… 1
マルチギャップヘッド ………… 148
マルチバイブレータ …………… 96
回り対偶 ………………………… 110

右手親指の法則 ………………… 20
右ねじの法則 …………………… 19

無安定マルチバイブレータ …… 96
無極性 …………………………… 28
無接点シーケンス回路 ………… 184

メインスケール ………………… 147
メータアウト …………………… 181
メータイン ……………………… 181
メンバーシップ関数 …………… 192

モアレじま ……………………… 147
モータ制御回路 ………………… 214
モジュール ……………………… 117

■や行

有極性 …………………………… 28
遊星歯車 ………………………… 120
遊星歯車装置 …………………… 120
誘電率 …………………………… 16
誘導起電力 ………………… 22, 142

陽子 ……………………………… 1
要素 ……………………………… 110
揺動 ……………………………… 112
揺動節 …………………………… 124
予知動作 ………………………… 193

■ら行

ラダー抵抗 ……………………… 25

立体カム ………………………… 133
リニアエンコーダ ……………… 146
リニアステップモータ ………… 170
リフト …………………………… 132
リブリケータ …………………… 173
リミットバルブ ………………… 173
流量センサ ……………………… 157
両クランク機構 ………………… 125
量子化 …………………………… 64
量子化誤差 ……………………… 65
両てこ機構 ……………………… 125
両ロッド型 ……………………… 176

リレー ………………………… 184	ロータ ………………………… 162
輪郭制御 ……………………… 198	ロータリエンコーダ ………… 146
リンク ………………………… 123	ロボット図記号 ……………… 112
リンク機構 …………………… 123	論理 …………………………… 73
リンク装置 …………………… 110	論理式 ………………………… 77
	論理積 ………………………… 81
励磁時最大静止トルク ……… 167	論理積回路 …………………… 77
レオスタッド分圧 …………… 141	論理和 ………………………… 81
レギュレータ ………………… 173	論理和回路 …………………… 77
レバ …………………………… 124	
連接節 ………………………… 124	
レンツの法則 ………………… 22	

【著者紹介】

見﨑正行(みさき・まさゆき)
 学　歴　東京電機大学工学部電気工学科卒業（1964年）
 職　歴　東京電機大学高等学校 教諭

小峯龍男(こみね・たつお)
 学　歴　東京電機大学工学部機械工学科卒業（1977年）
 職　歴　東京電機大学高等学校 教諭
    e-mail:komine@kgn.dendai.ac.jp

よくわかる メカトロニクス

2009年4月20日　第1版1刷発行　　　ISBN 978-4-501-41790-1 C3053

著　者　見﨑正行・小峯龍男
　　　　© Misaki Masayuki, Komine Tatsuo 2009

発行所　学校法人 東京電機大学　〒101-8457　東京都千代田区神田錦町 2-2
　　　　東京電機大学出版局　　　Tel. 03-5280-3433（営業） 03-5280-3422（編集）
　　　　　　　　　　　　　　　　Fax. 03-5280-3563　振替口座 00160-5-71715
　　　　　　　　　　　　　　　　http://www.tdupress.jp/

JCLS <(株)日本著作出版権管理システム委託出版物>
本書の全部または一部を無断で複写複製（コピー）することは、著作権法上での例外を除いて禁じられています。本書からの複写を希望される場合は、そのつど事前に、(株)日本著作出版権管理システムの許諾を得てください。
［連絡先］Tel. 03-3817-5670, Fax. 03-3815-8199, E-mail: info@jcls.co.jp

印刷：三立工芸㈱　　製本：渡辺製本㈱　　装丁：大貫伸樹
落丁・乱丁本はお取り替えいたします。　　　　　　　Printed in Japan